南华大学核类规划教材

核物理与核技术实验教程

主编　王振华　郑贤利　谢菊英

中国原子能出版社

图书在版编目（CIP）数据

核物理与核技术实验教程 / 王振华，郑贤利，谢菊英主编．
—北京：中国原子能出版社，2014.7
ISBN 978-7-5022-5850-4

Ⅰ.①核… Ⅱ.①王… ②郑… ③谢… Ⅲ.①核物理学—实验—教材 ②核技术—实验—教材 Ⅳ.①O571.1 ②TL-33

中国版本图书馆 CIP 数据核字(2013)第 048207 号

内 容 简 介

本书选编了 24 个实验项目，分为核物理实验和核技术应用实验两部分。绪论介绍了测量误差及数据处理方法。核物理实验部分包括：核磁共振相关知识的应用测量；等离子体的应用实验；超导体的特性实验；扫描隧道显微镜的使用；放射性活度测量等。核技术应用实验部分包括：放射性同位素应用的三计实验；荧光分析法等。每个实验项目后附有思考题，书末附有参考文献。

本书可作为核类专业的近代物理、核物理、核技术应用实验课程的试用教材，也可供其他相关专业的师生及从事相关方面技术人员参考。

核物理与核技术实验教程

出版发行 中国原子能出版社(北京市海淀区阜成路 43 号 100048)
责任编辑 王 丹
装帧设计 崔 彤
责任印制 潘玉玲
印　　刷 保定市中画美凯印刷有限公司
经　　销 全国新华书店
开　　本 787 mm×1092 mm 1/16
印　　张 8.25
字　　数 206 千字
版　　次 2014 年 7 月第 1 版 2014 年 7 月第 1 次印刷
书　　号 ISBN 978-7-5022-5850-4 **定 价** **31.00 元**

网址：http://www.aep.com.cn **E-mail：atomep123@126.com**
发行电话：010-68452845

前 言

核物理和核技术应用是高等院校工科专业的一门专业基础课和专业课程，是一门实践性很强的学科。为了配合理论课的学习，把理论知识和实践相结合，培养学生理论联系实际、独立分析问题，解决问题的科学实验工作能力和正确判断实验结果的可靠程度，分析误差来源以及处理数据的能力，更好地掌握实验的方法和技术；培养学生严格的科学作风，为学生进行科学实验及研究工作打下基础。

本书共有 24 个实验项目，其中核物理实验部分为 17 个，核技术应用实验部分为 7 个。每个实验都有相应的实验目的、实验内容、实验原理、实验仪器、实验步骤、实验数据的处理方法等内容，且侧重点不同。按现行的教学计划，本课程的总学时为 150～200 学时，每部分的实验项目中可根据实验室的具体情况分为学生必修实验和选修实验。本书可供物理专业、核物理专业、核类相关专业、其他工科专业本科学生及研究生作为参考。

本书是南华大学核科学技术学院多年实验教学的经验与总结，同时参考了其他院校的教学成果，是大家智慧的结晶。编者对各实验做了总结和提炼的工作。

本书的编写出版得到了南华大学核类教材出版基金和湖南省优势特色重点学科核科学与技术的经费支持，在此表示感谢。

本书在编写的过程中得到了南华大学核科学技术学院许多老师的帮助和支持。编者在此一并表示衷心的感谢。

由于编者水平有限，书中不足之处在所难免，敬请批评指正。

编 者

2014 年 2 月

目　录

核技术应用实验 ······ (93)

参考文献 ······ (123)

绪　论

自然科学问题的研究是通过科学实验观察自然现象，定量测量有关物理量来完成的。科学研究的实验证明，每项实验结果都会有误差。我们必须对实验的数据进行处理和分析，找出误差产生的原因，确定误差的大小，尽可能减少误差，以提高测量的准确度，使实验测量结果更接近其真实值。下面重点叙述测量的误差及数据处理的问题。

1　基本概念

1.1　测量

测量是指以确定被测对象量值为目的的一组操作，即用实验仪器、一定的方法进行实验，采用某一计量单位把待测量表示出来。

根据测量的方法可分为直接测量和间接测量。直接测量是指用实验仪器能直接得出待测量的值的测量。如温度的测量、能谱的测量等。间接测量是指由若干直接测量的量通过函数关系得出待测量的值的测量。如活度的测量、电子的荷质比等。

根据测量的条件可分为等精度测量和非等精度测量。等精度测量是指由同一测量者在一定的条件下，采用同一方法，操作同一测量工具，测量同一对象，各测量值具有同一精度。非等精度测量是指测量条件部分或全部改变，各测量值的精度不一样。严格来说，所有的测量都是非等精度测量，但若测量条件变化很小，可以忽略，则可认为是等精度测量。

1.2　误差

测量值与真实值之间的差异称为误差(绝对误差)。相对误差是指绝对误差与真实值之比。误差是客观存在的，实验过程中始终存在误差，误差不可消除，只能减少。在真实值未知的情况下可用偏差(测量值与算术平均值之差)代替误差。

根据误差产生的原因和性质可将误差分为：系统误差、随机误差和粗大误差。

1.2.1　系统误差

系统误差是指在同一条件下，多次测量同一物理量，测量值误差的大小和符号保持恒定，或按一定规律变化。系统误差分为两类：一类为定值系统误差，其值恒定不变；另一类为变值系统误差，其大小和符号按确定的规律变化。系统误差来源于仪器(仪器本身的缺陷或未按规定条件使用仪器)、理论推导(测量所依据的理论公式本身的近似性，或实验条件不能达到理论公式所规定的要求)、实验方法(实验方法本身不完善)、实验者(实验者心理和生理因素，如个人感官和运动器官的反应或习惯不同等)、环境(环境的温度、湿度、电磁干扰等)等因素。系统误差表现出恒偏大、恒偏小或周期性的特点，增加测量次数系统误差不能减少。系统误差只能从方法、理论、仪器、环境等方面的改进与修正来实现。如在测量前，仔细检查仪器仪表，正确调整和安装；防止外界干扰，保证环境条件不变，优化实验方法，对测量结果进行修正等。

1.2.2 随机误差

随机误差是指在同一条件下，多次测量同一物理量，测量值误差的大小和符号随机变化，也叫偶然误差。随机误差是由各种偶然因素对实验者、测量仪器、被测物理量的影响而产生的。因此，其有时偏大有时偏小，并且偏大和偏小的机会相同；有绝对存在且不可避免的特点。随机误差服从数理统计规律，可采用多次测量求平均值的方法减少。

1.2.3 粗大误差

粗大误差是指由于实验者粗心大意或环境突发干扰而使测量值明显超出规定条件下预期值的误差。该测量值为坏值，在数据处理时应予以剔除。产生粗大误差的主要原因有：使用了有缺陷的量具，操作时疏忽大意、操作不当，读数、记录、计算错误，测量系统突发故障，环境条件突变等。

1.3 精度

精度反映了测量值的准确程度，与误差大小相对应，误差大精度低，误差小精度高。主要有 3 个指标：准确度、精密度和精确度。准确度是指测量值与被测对象真值的一致程度。它可用测量的平均值与真值的差描述，反映系统误差大小的程度。精密度是指一次测量的可重复性或可靠性。它可用测量的均方偏差描述，反映随机误差大小的程度。精确度表示测量结果与真值的一致程度。它反应系统误差与随机误差合成大小的程度。测量精密度高，说明各测量数据比较接近和集中。但由于系统误差情况不确定，故测量精密度高不一定测量准确度就高。如打靶实验(见图 1)。由图 1 可知：(a)精密度高、但准确度和精确度都差；(b)准确度好、精密度和精确度差；(c)精密度、准确度和精确度都好。

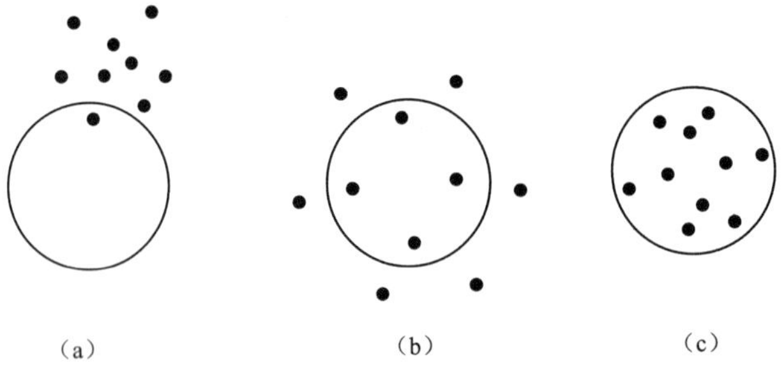

图 1　打靶实验的精密度、准确度和精确度示意图

2 随机误差的正态分布(高斯分布)

数学期望值 $E(\xi)$ 表示随机变量取值的平均位置。在物理中也称平均值 $\overline{x}$，常用 m 表示。对连续型随机变量 x，$E(x) \equiv \int_{-\infty}^{+\infty} x \cdot f(x)\mathrm{d}x$，将若干次实验中随机变量所取的数值加

在一起，再用实验次数除后，得到算术平均值。当实验次数无限增加时，算术平均值将无限的接近数学期望。

方差 $D(\xi)$ 表示随机变量的取值相对于期望值的离散程度。其开根值称均方根偏差，常用 σ 表示。即 $D(\xi)=\sigma^2$。方差小则代表随机变量在各次实验中所取得的数值越集中地分布在平均值附近，方差大则表示分布得越分散。对连续型随机变量 x，方差为 $D(x)\equiv\int_{-\infty}^{+\infty}[x-E(x)]^2 f(x)\mathrm{d}x$，相对均方差为 $v_x^2\equiv D(x)/[E(x)]^2$。相对方差代表了测量精度。

对于高斯分布，随机变量 x 取值范围为（$-\infty\sim+\infty$），为连续型随机变量。其概率密度函数为：

$$f(x)=\frac{1}{\sqrt{2\pi}\sigma}\exp\left[-\frac{(x-m)^2}{2\sigma^2}\right]$$

数学期望值和方差分别为：

$$E(x)=\int_{-\infty}^{+\infty}x\cdot f(x)\mathrm{d}x=m$$

$$D(x)=\int_{-\infty}^{+\infty}[x-E(x)]^2 f(x)\mathrm{d}x=\sigma^2$$

高斯分布连续对称，可以方便地计算测量值出现在（$m\pm Z\sigma$）区间内的概率，即：

$$P\{m-Z\sigma\leqslant x\leqslant m+Z\sigma\}$$

$$P\{m-Z\sigma\leqslant x\leqslant m+Z\sigma\}=\frac{1}{\sqrt{2\pi}\sigma}\int_{m-Z\sigma}^{m+Z\sigma}\mathrm{e}^{-\frac{(x-m)^2}{2\sigma^2}}\mathrm{d}x$$

令：$z=\dfrac{x-m}{\sigma}$　则：$\mathrm{d}z=\dfrac{1}{\sigma}\mathrm{d}x$

所以：

$$P\{m-Z\sigma\leqslant x\leqslant m+Z\sigma\}=\frac{1}{\sqrt{2\pi}}\int_{-Z}^{+Z}\mathrm{e}^{-\frac{z^2}{2}}\mathrm{d}z=2\frac{1}{\sqrt{2\pi}}\int_{0}^{Z}\mathrm{e}^{-\frac{z^2}{2}}\mathrm{d}z=2\Phi(z)$$

$\Phi(z)$ 可由高斯函数数值积分表查得。高斯分布各区间的概率如图 2 所示。

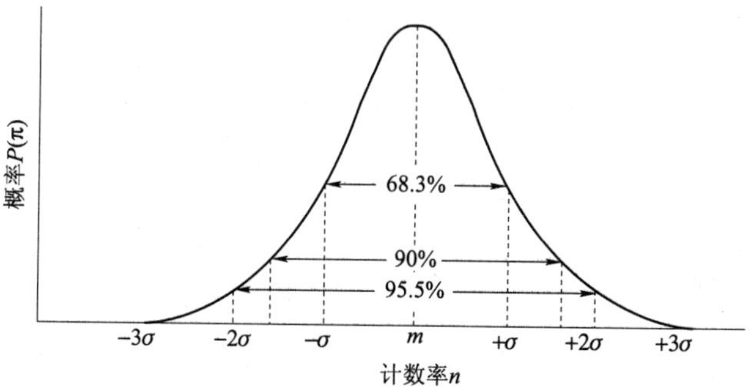

图 2　高斯分布各区间的概率

3 误差传递

若 $x_1, x_2, \cdots, x_n$ 是相互独立的随机变量，其标准方差相应为 $\sigma_{x_1}, \sigma_{x_2}, \cdots, \sigma_{x_n}$，由这些随机变量导出的任何量 $y=f(x_1, x_2, \cdots, x_n)$ 的标准方差可以用下面公式求出：

$$\sigma_y^2=\left(\frac{\partial y}{\partial x_1}\right)^2\sigma_{x_1}^2+\left(\frac{\partial y}{\partial x_2}\right)^2\sigma_{x_2}^2+\cdots+\left(\frac{\partial y}{\partial x_n}\right)^2\sigma_{x_n}^2$$

误差计算的一般方法：1)多元函数加和减的绝对误差相同，等于单个标准误差平方和的开方，即 $\sigma_{加、减}=\sqrt{\sigma_{x_1}^2+\sigma_{x_2}^2+\cdots\sigma_{x_n}^2}$；2)物理量测量的总标准误差等于各个独立原因产生的标准误差平方和的开方；3)多元函数乘和除的相对误差相同，等于单个相对误差平方和的开方，即 $\delta_{乘、除}=\sqrt{\delta_{x_1}^2+\delta_{x_2}^2+\cdots\delta_{x_n}^2}=\sqrt{\left(\frac{\sigma_{x_1}}{x_1}\right)^2+\left(\frac{\sigma_{x_2}}{x_2}\right)^2+\cdots\left(\frac{\sigma_{x_n}}{x_n}\right)^2}$。

实验测量的结果表示方法为：$\bar{x}\pm\sigma_{\bar{x}}$，其中 $\bar{x}$ 为算术平均值；$\sigma_{\bar{x}}$ 为算术平均值的标准方差。

4 有效数字

有效数字是由可靠数字和可疑数字组成。可靠数字是直接读得的准确数字，可疑数字是估读的数字。测量的结果须用有效数字表示。一个数从左边第一个不为0的数字起到可疑数字的数位止，所有的数字都为有效数字。有效数字的运算需遵循如下规则：1) 加减法：小数位数较多的值，只需比小数位数最少的多保留一位，而计算结果与小数位最少的那个测量值相同。2) 乘除法：有效位数较多的近似数比有效位数少的多保留一位，计算结果最后应保留与有效位数少的那个数相同的位数。3) 函数运算：待求量的有效数字位数由误差来确定。一般情况下误差的有效数字取一位，精密测量情况下，误差的有效数字可取两位。有效数字舍入规则为“四舍六入五凑偶”。

5 数据处理

5.1 数据的舍弃

舍弃与均值相差较大的数，本书介绍肖氏特舍弃标准和戈罗贝斯舍弃标准。

5.1.1 肖氏特舍弃标准(见表1)

设有 k 个测量值，当其中某个测量值与平均值的偏差 Δ 等于或大于 $\frac{\Delta(k)}{\sigma}$ 时应舍弃。检验步骤为：1) 计算测量得到的 k 个数据的平均值 $\overline{N}=\frac{1}{k}\sum_i N_i$ 及标准误差值 $\sigma=$

$\sqrt{\dfrac{\sum_i (N_i - \overline{N})^2}{k-1}}$。

2）查肖氏特舍弃标准表（见表1），得到$\dfrac{\Delta(k)}{\sigma}$值。

3）比较$\dfrac{N_i - \overline{N}}{\sigma}$与$\dfrac{\Delta(k)}{\sigma}$，若$\left|\dfrac{N_i - \overline{N}}{\sigma}\right| \geqslant \dfrac{\Delta(k)}{\sigma}$，则此数据应舍弃，否则应保留。

表1 肖氏特舍弃标准

k	2	3	4	5	6	7	8	9	10	12	14	15	16
$\dfrac{\Delta(k)}{\sigma}$	1.15	1.38	1.54	1.65	1.73	1.80	1.86	1.92	1.96	2.03	2.10	2.13	2.16

5.1.2 戈罗贝斯舍弃标准(见表2)

肖氏特数据舍弃标准是较早提出的一种方法，它不够准确，而戈罗贝斯舍弃标准是经过严格的理论推导而得到的，是一个较好的可疑数据舍弃标准。

设等精度测量得到一组数值 $N_1, N_2, \cdots, N_k$，1）计算测量得到的 k 个数据的平均值 $\overline{N} = \dfrac{1}{k}\sum_i N_i$ 及标准误差 $\sigma = \sqrt{\dfrac{\sum_i (N_i - \overline{N})^2}{k-1}}$。

2）查戈罗贝斯舍弃标准表（见表2），得到 $g(k,\alpha)$值。

3）比较$\left|\dfrac{N_{\max} - \overline{N}}{\sigma}\right|$与 $g(k,\alpha)$，若$\left|\dfrac{N_{\max} - \overline{N}}{\sigma}\right| \geqslant g(k,\alpha)$，则此数据应舍弃，否则应保留。

表2 戈罗贝斯舍弃标准

k \ α	0.05	0.01	k \ α	0.05	0.01	k \ α	0.05	0.01	k \ α	0.05	0.01
3	1.15	1.16	9	2.11	2.32	15	2.41	2.71	21	2.58	2.91
4	1.46	1.49	10	2.18	2.41	16	2.44	2.75	22	2.60	2.94
5	1.67	1.75	11	2.23	2.49	17	2.48	2.79	23	2.62	2.96
6	1.82	1.94	12	2.29	2.55	18	2.50	2.82	24	2.64	2.99
7	1.94	2.10	13	2.33	2.61	19	2.53	2.85	25	2.66	3.01
8	2.03	2.22	14	2.37	2.66	20	2.56	2.88	30	2.75	3.10

5.2 数据的检验

对于系统误差，在实验中可用下述的方法发现它：1）将所有测量仪器的测量结果与标准仪器的相比较，其偏差即所用仪器的系统误差。2）在已知理论计算方法的情况下，将实验结果与理论计算结果相比较，差值即测量结果的系统误差。3）将在同一条件下多次测量结果按获取的顺序排列，若残差有某种规律（如递增、递减、周期变化等）存在，就表明测量中有系统误差。4）固定某个实验条件，得到一组测量值，改变此条件得到另外若干组测量值，若各测量结果与总平均值的残差呈现明显的分组特征(如同一组内各残差相近,各组之间残差较大)时,表明有随此条件变化的系统误差存在。以上这些方法只有当系统误差比随机误差明显大时才有用,一般情况下,不容易发现系统误差。在实际测量工作中,有无系统误差存在,常采用测量数据的检验方法来确定。

5.2.1 χ^2 检验法

设一组重复测量数据为 $N_1, N_2, \cdots, N_k$,并设它们服从高斯分布,其数学期望值为 m,标准误差为 σ,则:

$$Z=\frac{N_i-m}{\sigma}\approx\frac{N_i-\overline{N}}{\sqrt{\overline{N}}}$$

此分布的随机变数 Z 的平方和也是一个随机变数称作 χ^2。

$$\chi^2=\sum_{i=1}^{k}\frac{(N_i-\overline{N})^2}{\overline{N}}$$

随机变数 χ^2 也服从一种类型的分布,其分布形状大致如图 3 所示,横坐标表示变数 χ^2 的取值,纵坐标表示相应于 χ^2 值的概率密度 $p(\chi^2)$。于是可以算出随机变数 χ^2 所取的值不小于某个预定值 χ^2_α 的概率 $P(\chi^2\geqslant\chi^2_\alpha)$,令此概率为 α,则:

$$P(\chi^2\geqslant\chi^2_\alpha)=\int_{\chi^2_\alpha}^{+\infty}P(\chi^2)\,\mathrm{d}\chi^2=\alpha$$

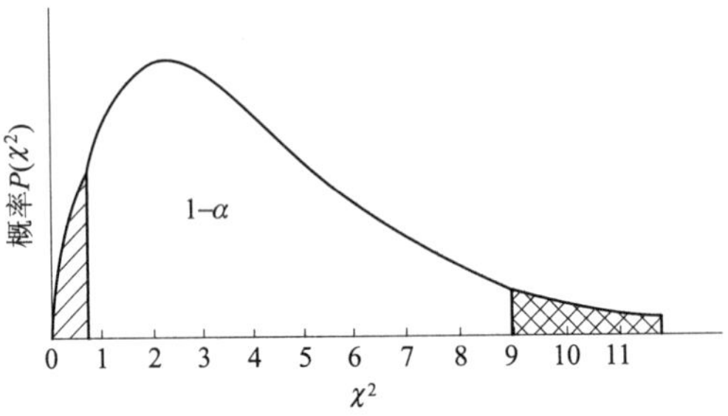

图 3 χ^2 分布的图形和 α 舍弃区间(α 代表左侧或右侧的阴影面积)

χ^2 分布中有一个叫自由度的参数,实际上就是独立随机变数的个数。若在 k 个随机变数中存在着 γ 个约束条件,则自由度为 $\nu=k-\gamma$。使用中已有 α 与 χ^2_α 对应的数值表(见表 3)可查,查表时应查对应的自由度的数据。对于 N_i 个数据的 χ^2 分布,约束条件只有一个:

$$\sum_{i=1}^{k}(N_i-\overline{N})=\sum_{i=1}^{k}N_i-k\overline{N}=0。$$

所以,χ^2 服从自由度为 $\nu=k-1$ 的 χ^2 分布。若原假设成立,χ^2 随机变数服从 χ^2 分布的话,所得到的 χ^2 值应在一个合理的范围内。若 χ^2 值偏离了这个范围,则要否定原假设。用 χ^2 分布对一组测量数据的检验具体的这样进行:选定一个较小的显著水平值(如 0.05),由表 3 查出 $\chi^2_{\alpha_1}$ 值(置信上限),选定一个较大的显著水平值(如 0.95),由表 3 查出 $\chi^2_{\alpha_2}$ 值(置信下限),若 $\chi^2_{\alpha_2}<\chi^2<\chi^2_{\alpha_1}$,也就是实测数值应处于上、下置信限之间,则可以判定测量值的分布服从高斯分布,核辐射探测器工作稳定。反之,则不服从高斯分布,核辐射探测器工作不稳定。

表 3 相应 3 种概率下的 χα² 值

α	v													
	1	2	3	4	5	6	7	8	9	10	15	20	25	30
	$\chi\alpha^2$													
0.95	0.004	0.103	0.352	0.711	1.145	1.635	2.167	2.733	3.325	3.940	7.261	10.85	14.61	16.31
0.50	0.455	1.165	2.366	3.357	4.351	5.348	6.346	7.344	8.343	9.342	14.34	19.34	23.34	29.34
0.05	3.841	5.991	7.815	9.488	11.07	12.59	14.07	15.51	16.92	18.31	25.0	31.41	37.65	43.77

5.2.2 *t* 检验法

检验单组数据的是否满足高斯分布(该检验法适用于小样本的情况)。假设有 k 个观测值 $N_1, N_2, \cdots, N_k$ 的小样本,检验它们是否服从高斯分布 $p(\alpha、\sigma)$。α 已知,σ 样本方差可求。具体的检验方法如下:计算平均值和样本方差:$\overline{N} = \frac{1}{k}\sum_i N_i, \sigma = \sqrt{\frac{\sum_i (N_i - \overline{N})^2}{k-1}}$;计算统计量 t:$|t| = \left|\frac{\overline{N}-\alpha}{\sigma/\sqrt{k}}\right|$;由 t 分布数值查得自由度为 $k-1$,显著水平为 α 时的 $t_{1-\alpha}(k-1)$;若 $|t| = \left|\frac{\overline{N}-\alpha}{\sigma/\sqrt{k}}\right| \geqslant t_{1-\alpha}(k-1)$,则不满足高斯分布,若 $|t| = \left|\frac{\overline{N}-\alpha}{\sigma/\sqrt{K}}\right| \leqslant t_{1-\alpha}(k-1)$,则满足高斯分布。

5.3 数据处理方法

物理测量数据的基本处理方法通常有列表法、作图法、最小二乘法等。

5.3.1 列表法

列表法是指把被测量和测量的数据一一对应地排列在表中。列表法简单明了,便于查对和比较,要求数据清晰不能涂改,单位规范,并加必要说明。列表法的基本要求如表 4 所示。

表 4 …数据表[仪器的规格(型号、量程、准确度级别或最大允许误差等)、环境参数(温度、湿度等)、引用的常量和物理量等]

X(物理量)(单位)	X_1	X_2	…	X_n
Y(物理量)(单位)	Y_1	Y_2	…	Y_n

5.3.2 作图法

作图法是指在研究两个物理量之间的关系时,把测得的一系列相互对应的数据及变化的情况用曲线表示出来。作图法能直观、形象、简便的显示物理量之间的函数关系。其步骤有:1) 根据测量的数据选择合适的坐标轴及标度,并在坐标轴上标明单位。2) 描点和连线,连线时须使尽可能多的数据点或数据点均匀分布在光滑曲线上或两旁。3) 求出曲线方程,并标出图名。也可采用作图软件作图。

5.3.3 最小二乘法

实验中,若测得两个物理量 x、y 满足 $y=ax+b$,根据测量的 x_i、$y_i(i=1,2,\cdots,k)$,可用

线性最小二乘法求解 a、b 及其标准误差 σ_a 与 σ_b。相关公式如下：

$$a=\frac{\left[k\sum_i x_i y_i-\sum_i x_i\sum_i y_i\right]}{\left[k\sum_i x_i^2-(\sum_i x_i)^2\right]}$$

$$b=\frac{\left[(\sum_i y_i\sum_i x_i^2-\sum_i x_i y_i\sum_i x_i\right]}{\left[k\sum_i x_i^2-(\sum_i x_i)^2\right]}$$

$$\sigma_a^2=\frac{k\sigma_y^2}{\left[k\sum_i x_i^2-(\sum_i x_i)^2\right]}$$

$$\sigma_b^2=\frac{\sigma_y^2\sum_i x_i^2}{\left[k\sum_i x_i^2-(\sum_i x_i)^2\right]}$$

其中，σ_y^2 为 y 的方差，可由下式求出：

$$\sigma_y^2=\frac{1}{k-2}\sum_i d_i^2=\frac{1}{k-2}(y_i-ax_i-b)^2$$

线性相关系数为：$\gamma=\dfrac{\overline{xy}-\overline{x}\cdot\overline{y}}{\sqrt{[\overline{x^2}-(\overline{x})^2][\overline{y^2}-(\overline{y})^2]}}$

核物理实验

实验一 法拉第实验

[实验目的]

1. 掌握法拉第磁光效应测量冕玻璃费尔德常数的原理。

2. 熟练掌握光路的调节。

[实验内容]

1. 观察法拉第磁光效应现象。

2. 利用法拉第磁光效应测量冕玻璃的费尔德常数。

[实验原理]

1845 年,法拉第(M. Faraday)在实验中发现,当一束线偏振光通过非旋光性介质时,如果在介质中沿光传播方向加一外磁场,则光通过介质后,光振动(指电矢量)的振动面转过一个角度,如图 1 所示,这种磁场使介质产生旋光性的现象称为法拉第效应或者磁致旋光效应。

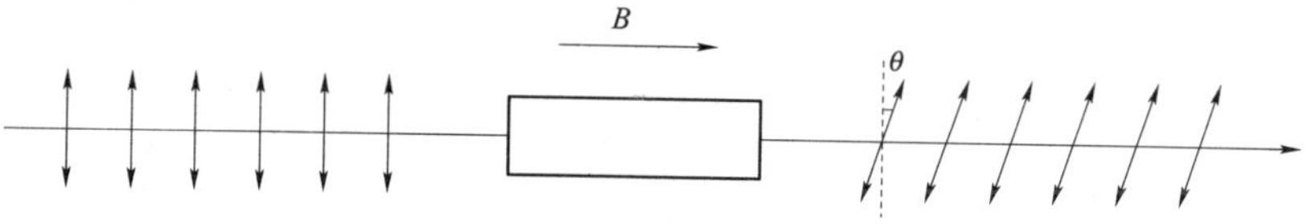

图 1 法拉第磁致旋光效应

自从法拉第发现这一效应以后,人们在许多固体、液体和气体中观察到磁致旋光现象。对于顺磁介质和抗磁介质,当磁场不是非常强时,法拉第效应中偏振面转过的角度 θ,与沿介质厚度方向所加磁场的磁感应强度 B 及介质厚度 L 成正比,即:

$$\theta = V \cdot B \cdot l$$

其中,V 为费尔德(Verdet)常数。对于不同介质,偏振面旋转方向不同,偏振面旋转绕向与磁场方向满足右手螺旋关系的称为"右旋"介质,其费尔德常数 $V>0$;反向旋转的称为"左旋"介质,费尔德常数 $V<0$。

法拉第效应在磁场方向不变的情况下,光线往返穿过磁致旋光物质时,法拉第转角将加倍,即转角为 2θ。对于给定的物质,利用法拉第效应中光偏振面的旋转方向仅由磁场的方向决定,而与光的传播方向无关这一特点,可以使光在介质中往返数次而使旋转角度加大。

(1) 唯象模型解释

实验中,从氦-氖激光器出来的是线偏振光,根据琼斯矢量表示,任一线偏振光都可以用同样角速度转动的一个左旋和一个右旋的圆偏振光叠加而得到,电子在左旋圆偏振光和右旋圆偏振光的电场作用下作左旋和右旋圆周运动,在法拉第效应实验中,电子运动平面与磁场垂直。电子在磁场中受到洛仑兹力,若洛仑兹力向着轨道中心方向,电子受到的向心力增大,电子旋转速率增大;若洛仑兹力背着轨道中心的方向,电子受到的向心力减小,电子旋转变慢。电子旋转快慢的变化影响了圆偏振光电场矢量旋转角速度。当光从磁光介质(实验中采用冕玻璃样品)出射时重新合成线偏振光。由于在媒介中左旋和右旋的速率不同,合成偏振光的振动面转过了一个角度。从图 2 中可以看出，电子旋转速率变化只决定于磁场方向与电子旋转方向，而与光的传播方向无关。

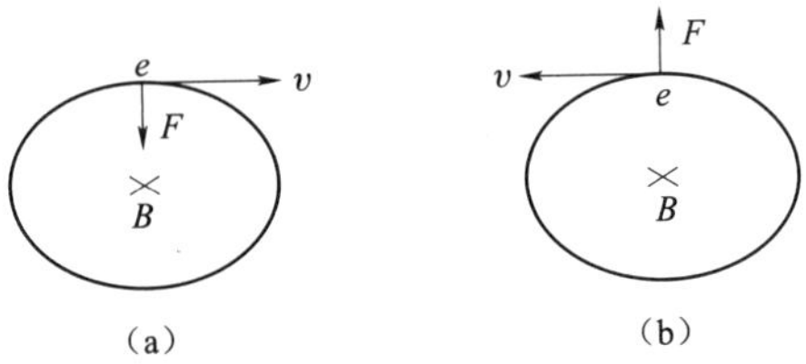

图 2 法拉第效应唯像解释

(2) 经典理论解释

假设电子运动的速度比光速小得多，且外磁场的变化频率比光的频率小得多，因此 $\vec{B}$ 可看作不随时间改变的常数；同时只考虑光波的电场部分而忽略光波的磁场（对于非相对论，电磁波的磁场对电荷的作用力远比电场的小）。于是，电子在光波和外磁场作用下的运动方程为：

$$\frac{\mathrm{d}^2\vec{r}}{\mathrm{d}t^2}+\omega_0^2\vec{r}=\frac{e}{m}\left(\vec{E}+\frac{\mathrm{d}\vec{r}}{\mathrm{d}t}\times\vec{B}\right) \tag{1}$$

式中：e 为电子电荷；m 为电子质量；$\vec{B}$ 为外磁场的磁感应强度；$\vec{E}$ 为光波的电场强度；$\vec{r}$ 为电子的位置坐标。在法拉第效应实验中，光波沿 z 轴传播，光波电场方向与 z 轴垂直，若电子在 x—y 平面上运动，则：

$$\vec{r}=x\,\vec{e}_x+y\,\vec{e}_y$$

式中：$\vec{e}_x$ 和 $\vec{e}_y$ 分别为 x 轴方向和 y 轴方向的单位矢量。式(1)可以分解为 x 轴方向和 y 轴方向的两个分量：

$$\frac{\mathrm{d}^2x}{\mathrm{d}t^2}-\frac{e}{m}B\,\frac{\mathrm{d}y}{\mathrm{d}t}+\omega_0^2x=\frac{e}{m}E_x \tag{2}$$

$$\frac{\mathrm{d}^2y}{\mathrm{d}t^2}+\frac{e}{m}B\,\frac{\mathrm{d}x}{\mathrm{d}t}+\omega_0^2y=\frac{e}{m}E_y \tag{3}$$

合并整理得到：

$$\frac{\mathrm{d}^2}{\mathrm{d}t^2}(x+\mathrm{i}y)+\mathrm{i}\,\frac{e}{m}B\,\frac{\mathrm{d}}{\mathrm{d}t}(x+\mathrm{i}y)+\omega_0^2(x+\mathrm{i}y)=\frac{e}{m}(E_x+\mathrm{i}E_y) \tag{4}$$

$$\frac{\mathrm{d}^2}{\mathrm{d}t^2}(x-\mathrm{i}y)-\mathrm{i}\,\frac{e}{m}B\,\frac{\mathrm{d}}{\mathrm{d}t}(x-\mathrm{i}y)+\omega_0^2(x-\mathrm{i}y)=\frac{e}{m}(E_x-\mathrm{i}E_y) \tag{5}$$

令 $\begin{cases}E_r=E_x+\mathrm{i}E_y\\E_l=E_x-\mathrm{i}E_y\end{cases}$

式中：E_r 和 E_l 分别对应于右旋圆偏振光和左旋圆偏振光，而$(x+\mathrm{i}y)$和$(x-\mathrm{i}y)$相当于电子分别向右和向左旋转。式(4)和式(5)分别对应于电子的右旋运动和左旋运动。

令：$\begin{cases}r_r=x+\mathrm{i}y\\r_l=x-\mathrm{i}y\end{cases}$

代入式(4)和式(5)两式，得到：

$$\begin{cases}\dfrac{d^2}{dt^2}r_r+i\dfrac{e}{m}B\dfrac{dr_r}{dt}+\omega_0^2r_r=\dfrac{e}{m}E_r\\\dfrac{d^2}{dt^2}r_l-i\dfrac{e}{m}B\dfrac{dr_l}{dt}+\omega_0^2r_l=\dfrac{e}{m}E_l\end{cases}$$

这两个方程式分别是电子右旋和左旋的运动方程。设入射光在进入磁光材料前是线偏振光，在 $z=0$，即材料端点的光振动：

$$\begin{cases}E_x=E_0\cos\omega t\\E_y=0\end{cases}$$

进入磁光物质后分解成右旋圆偏振光和左旋圆偏振光：

$$\begin{cases}E_r=\dfrac{E_0}{2}e^{i(\omega t-k_rz)}\\E_l=\dfrac{E_0}{2}e^{i(\omega t-k_lz)}\end{cases}$$

式中：k_l 和 k_r 分别为左旋圆偏振光和右旋圆偏振光在磁光介质中的波矢。解方程式得到：

$$r_r=\frac{eE_0/2m}{\omega_0^2-\omega^2-\dfrac{e}{m}B\omega}\tag{6}$$

与 r_r 相应的感生电偶极矩为：

$$P_r=Ner_r=\frac{Ne^2E_0/2m}{\omega_0^2-\omega^2-\dfrac{e}{m}B\omega}\tag{7}$$

N 是单位体积中电偶极子数目。

$$令\ \omega_r=\frac{e}{2m}B\tag{8}$$

它和频率的量纲相同，称为拉摩频率，事实上它是在轨道上做圆周(或椭圆)运动的电子在外磁场 $\vec{B}$ 的作用下的进动频率。拉摩频率比光的频率(约 10^{14} Hz)小得多。将式(8)代入式(7)，得到：

$$P_r=\frac{Ne^2E_0/2m}{\omega_0^2-\omega^2-2\omega_r\omega}\tag{9}$$

由于 $\omega_r\ll\omega$，有：

$$\omega_0^2-\omega^2-2\omega_r\omega\approx\omega_0^2-(\omega+\omega_r)^2$$

代入式(9)，则：

$$P_r=\frac{Ne^2E_0/2m}{\omega_0^2-(\omega+\omega_r)^2}$$

若磁光材料是一种气体，则折射率 n_r 为：

$$n_r=1+\frac{Ne^2}{m\varepsilon_0}\frac{1}{\omega_0^2-(\omega+\omega_r)^2}\tag{10}$$

用同样的方法可以得到：

$$n_l=1+\frac{Ne^2}{m\varepsilon_0}\frac{1}{\omega_0^2-(\omega+\omega_l)^2}\tag{11}$$

若磁光材料是固体，则：

$$\frac{n_r^2-1}{n_r^2+2}=\frac{Ne^2}{3m\varepsilon_0}\frac{1}{\omega_0^2-(\omega+\omega_r)^2} \tag{12}$$

对于 n_l 也有相类似的一个公式。无论是气体还是固体，在磁光效应的情况下总有两个不同的折射率 n_l 和 n_r 分别对应于左旋和右旋圆偏振光。

线偏振光进入磁光介质后就分解成左旋圆偏振光和右旋圆偏振光，两者折射率略有不同，经过厚度为 d 的媒质，两者相位差为：

$$\delta=\frac{2\pi}{\lambda}d(n_r-n_l) \tag{13}$$

当光从介质另一端出射时，振动面旋转角度为：

$$\theta=\frac{\delta}{2}=\frac{\pi}{\lambda}d(n_r-n_l) \tag{14}$$

[实验仪器]

法拉第-塞曼效应综合实验仪（主机）、氦氖激光器、光电转换盒（刻度盘）、电磁铁、高斯计、励磁电源。实验装置图如图 3 所示。

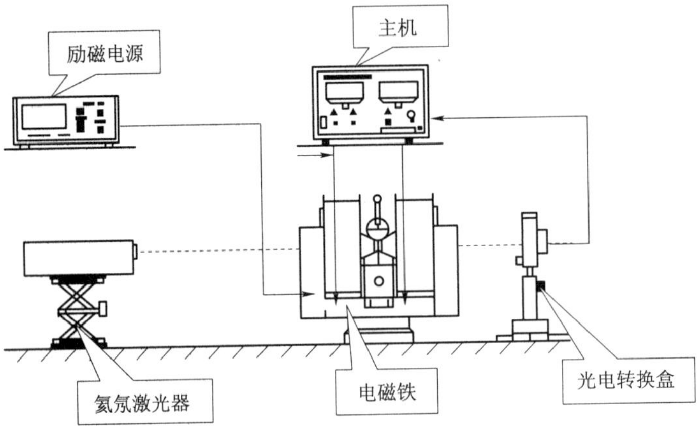

图 3　实验装置图

[实验步骤]

（1）调节氦-氖激光器底部的调节架，使激光器发出的准直光完全通过电磁铁中心的小孔（电磁铁纵向放置）。

（2）调节刻度盘的高度，使激光器光斑正好打在光电转换盒的通光孔上，此时旋动刻度盘上的旋钮，可以发现光度计读数发生变化。

（3）调节样品测试台，并旋动测试台上的调节旋钮，让冕玻璃样品缓慢升起，使光完全通过样品。

（4）旋动刻度盘上的旋钮（因氦-氖激光器激光管内已经装有布儒斯特窗，故不加起偏器，氦-氖激光器出射的光已是线偏振光），使光度计读数最小，即光强最小（此时激光器发出的线偏振光的偏振方向与检偏方向垂直）。读取游标盘此时的角度 θ_1（偏振片角度读数类似游标卡尺读数）。

（5）开启励磁电源（要求电流、电压加到最大），给样品加上稳定磁场，此时可以看到光度计读数增大，这完全是法拉第效应作用的结果。再次转动刻度盘，使光度计读数最小（光强最小)，读取此时的角度值 θ_2。

(6) 关闭氦-氖激光器电源，旋下冕玻璃样品，测量磁感应强度 B(磁场测量探头要正好位于磁隙中心)，用游标卡尺测量样品厚度 d。

(7) 根据公式：$\theta=V\cdot B\cdot d$，求出该样品的费尔德常数。

[注意事项]

1. 电磁铁在完成实验后应及时切断电源，以避免长时间工作使线圈积聚热量过多而破坏稳定性。

2. 测量中心磁场磁感应强度时，应注意探头在同一实验中不同次测量时放置于同一位置，以使测量更加准确、稳定。

3. 实验时最好在暗室内完成，以使实验现象更加明显，实验数据更加准确。

4. 注意不可以将眼睛正对激光光源，以免对眼睛造成伤害。

[思考题]

1. 法拉第效应实验在暗室与非暗室做，实验结果会有何区别？并解释原因。

2. 设计一个比以上实验方案更优化的实验方案。

实验二　塞曼效应

[实验目的]

1. 掌握塞曼效应理论。
2. 掌握法布里-珀罗标准具的原理及使用。
3. 熟练掌握光路的调节。

[实验内容]

1. 法布里-珀罗标准具的调节。
2. 观察塞曼效应能级分裂图，并计算电子的荷质比。

[实验原理]

电子自旋和轨道运动使原子具有一定的磁矩。在外磁场中，原子磁矩与磁场相互作用，使原子系统附加了磁作用能 ΔE，又由于电子轨道和自旋空间的量子化。这种磁相互作用只能取有限个分立的值，此时原子系统的总能量为：

$$E=E_0+\Delta E=E_0+Mg\frac{eh}{4\pi m}B \tag{1}$$

式中：E_0 为未加磁场时的能量；M 为磁量子数；B 为外加磁场的磁感应强度；e 为电子电量；m 为电子质量；h 为普朗克常数；g 为朗德因子。

朗德因子的值与原子能级的总角动量 J，自旋量子数 S 和轨道量子数 L 有关，在 $L-S$ 耦合情况下：

$$g=\frac{1+J(J+1)+S(S+1)-L(L+1)}{2J(J+1)} \tag{2}$$

由于 J 一定时，$M=J, J-1, \cdots, -J$，所以由式(1)和式(2)可知，原子在外磁场中，每个能级都分裂为 $2J+1$ 个子能级。相邻子能级的间隔为：

$$g\frac{eh}{4\pi m}B=g\mu_B B$$

式中：玻尔磁子 $\mu_B=9.274\ 1\times10^{-24}J\cdot T$。

设频率为 ν 的光谱线是由原子的上能级 E_2 跃迁到下能级 E_1 所产生，由此，谱线的频率同能级有如下关系：

$$h\nu=E_2-E_1$$

在外磁场作用下，上下两能级各获得附加能量 ΔE_2、ΔE_1。因此，每个能级各分裂 $(2J_2+1)$ 个和 $2(J_1+1)$ 个子能级。这样上下两个子能级之间的跃迁将发出频率为 ν' 的谱线，并有：

$$h\nu'=(E_2+\Delta E_2)-(E_1+\Delta E_1)=h\nu+(M_2g_2-M_1g_1)\mu_B B$$

分裂后的谱线与原谱线的频率差为：

$$\Delta\nu=\nu'-\nu=(M_2g_2-M_1g_1)\frac{e}{4\pi m}B \tag{3}$$

换以波数表示：

$$\Delta\tilde{\nu}=\tilde{\nu}'-\tilde{\nu}=(M_2g_2-M_1g_1)\frac{e}{4\pi mc}B=(M_2g_2-M_1g_1)L$$

式中：$\frac{e}{4\pi mc}B$ 为洛仑兹单位，以 L 表示。

跃迁时 M 的选择定则与谱线的偏振情况如下：

选择定则：$\Delta M=0$（当 $\Delta J=0$ 时，ΔM 被禁止）和 $\Delta M=\pm1$。

当 $\Delta M=0$ 时，产生的偏振光为 π 成分。垂直于磁场观察时（横效应），线偏振光的振动方向平行于磁场。平行于磁场观察时，π 成分不出现。

当 $\Delta M=\pm1$ 时，产生的偏振光为 σ 成分。垂直于磁场观察时，产生线偏振光，其振动方向垂直于磁场。平行于磁场观察时（纵效应），产生圆偏振光。$\Delta M=1$，偏振转向是沿磁场方向前进的螺旋方向，磁场指向观察者时，为左旋圆偏振光；$\Delta M=-1$ 时，偏振方向是沿磁场指向观察者时，为右旋圆偏振光。如图 1 所示。

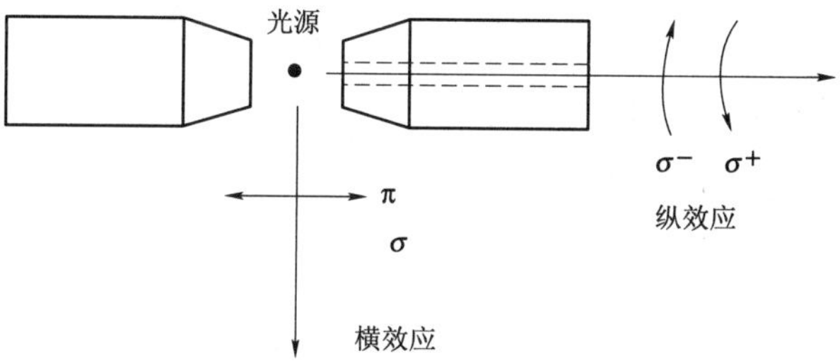

图 1 塞曼效应实验观察

光谱线的间线（上下能级自旋量子数 $S=0$，即单重态间的跃迁）在磁场作用下，把原波数为 $\tilde{\nu}$ 的一条谱线分裂成波数为 $\tilde{\nu}+\Delta\tilde{\nu}$，$\tilde{\nu}$，$\tilde{\nu}-\Delta\tilde{\nu}$ 的 3 条谱线，中间的一条为 π 成分，分裂的两条为 σ 成分，谱线间隔为一个洛仑兹单位。对于双重态以上的谱线将分裂成更多条的谱线。前者称为正常塞曼效应，后者称为反常塞曼效应。

塞曼分裂的波长差是很小的，因此需要高分辨率的分光仪器，实验中一般采用法布里-珀罗标准具（F-P 标准具）来分光，它的理论分辨率可以达到 $10^5\sim10^7$。

法布里-珀罗标准具是由两块平面玻璃板中间夹有一个间隔圈组成的。玻璃板的内表面镀有高反射膜。光路如图 2 所示。

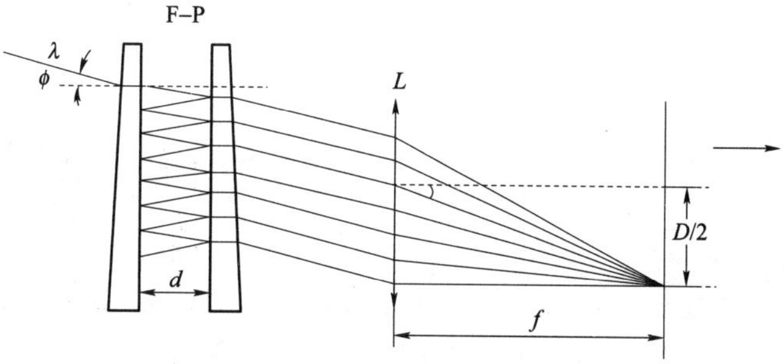

图 2 法布里-珀罗标准具光路图

法布里-珀罗标准具是多光束干涉装置，一束光以 ϕ 角射入标准具后，这束光可以在标准具的两玻璃板内表面之间进行多次反射和透射，透射平行光束经透镜会聚在它的焦平面上产生干涉，设两玻璃板内平面间距为 d，在空气中折射率近似为 $n=1$，入射角为 ϕ，则相邻两光束的光程差 $\Delta=2d\cos\phi$，形成亮条纹的条件为：

$$2d\cos\phi=k\lambda \tag{4}$$

式中：k 为正整数，表示干涉条纹级次。由式(4)可以看出，满足同一角 ϕ 的光线，在屏上显示的干涉条纹为一圆环，属于等倾干涉。设中心亮环的干涉级次为 k，则向外依次为 $k-1$，$k-2$，…形成一系列向外的同心圆环。当入射光波长发生微小的变化，则产生各级干涉亮环套在各相应级的亮环内外。

对同一级次有微小波长差的不同波长 λ_a、λ_b、λ_c 而言(见图 3)，在相邻干涉级次 k 级和 $(k-1)$ 级下有：

$$\Delta\tilde{\nu}_{ab}=\tilde{\nu}_b-\tilde{\nu}_a=\frac{1}{2d}\frac{D_b^2-D_a^2}{D_{k-1}^2-D_k^2}=\frac{1}{2d}\frac{\Delta D_{ba}^2}{\Delta D^2}$$

$$\Delta\tilde{\nu}_{cb}=\tilde{\nu}_c-\tilde{\nu}_b=\frac{1}{2d}\frac{D_c^2-D_b^2}{D_{k-1}^2-D_k^2}=\frac{1}{2d}\frac{\Delta D_{cb}^2}{\Delta D^2}$$

其中，d 为标准具常数。

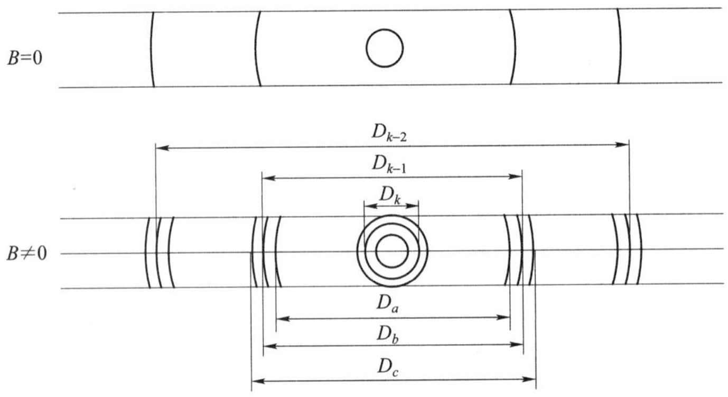

图 3　干涉圆环直径测量示意图

[实验仪器]

法拉第-塞曼效应综合实验仪、会聚透镜、氖灯、励磁电源、法布里-珀罗标准具、干涉滤光片、CCD 摄像器件、计算机、偏振片。实验装置图如图 4 所示。

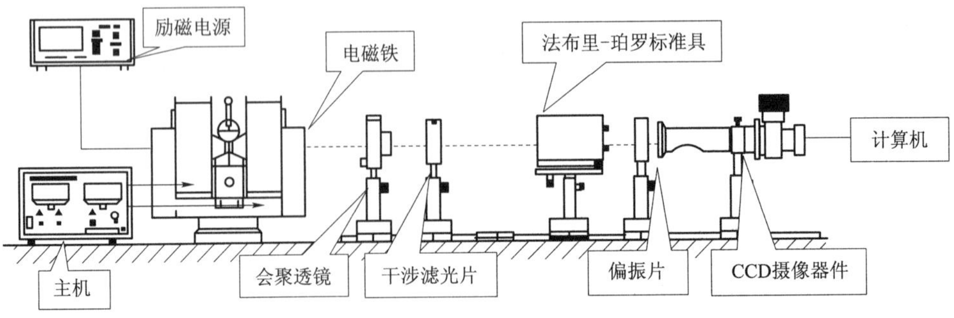

图 4　实验装置图

[实验步骤]

(1) 将实验仪器按顺序(电磁铁、会聚透镜、滤光片、法布里-珀罗标准具、偏振片、CCD摄像头)安置在导轨上。(注意:电磁铁横向放置,笔型汞灯竖直放置在磁隙正中)

(2) 调节各仪器的高度,使它们平行、同轴。

(3) 连接好主机各线及CCD摄像机的电源线(12 V变压器),并用视频连接线将CCD摄像机和微机上的PCI采集卡上的任一视频口相连。接通电源,分别调节磁感应强度测量和光度计至零点。(注意:调节时应使输入信号为零,即磁感应强度测量应使探头远离磁场,光度计应使光电转换盒通光量为零)

(4) 点亮笔型汞灯,暂时取下5 461 Å(1 Å$=10^{-10}$ m)滤光片和刻度盘,调节各滑块位置,用眼睛直接观察同心环形干涉条纹,调节法布里-珀罗标准具下的仰角调节旋钮,使干涉环正好成像在目镜正中心,再调节法布里-珀罗标准具上的3个压脚螺丝,使标准具内两镜面严格平行,此时干涉圆环应均匀、同心。

(5) 加上5 461 Å滤光片,打开PICO2000监视系统,仔细调节镜头,时屏幕上可看到锐细、清晰的汞光谱干涉条纹。

(6) 打开励磁电源,加上磁场,可以看到锐细干涉圆环变粗,仔细调节CCD摄像机镜头,并慢慢增加磁场,直到可见九条清晰的干涉圆环。

(7) 加上偏振片,旋动调节旋钮,仔细观察干涉圆环的变化,调节至适当位置,可以发现先前的每个锐细环分裂成3个亮环,实验中要求计算k级和$(k-1)$级两级干涉圆环的直径,即要求能够清晰看出中心6个分裂环,仔细调节,达到采集要求。

(8) 测量磁场强度B。

(9) 软件操作:打开软件,启动快照;标记k级和$(k-1)$级分裂的圆环;计算,输入磁场强度。即通过处理软件计算电子荷质比,并计算测量误差。

[思考题]

1. 什么是塞曼效应?能级跃迁规则是什么?

2. 塞曼效应测量电子荷质比的原理是什么?

3. 自然光对实验会有影响吗?若有,怎样影响实验现象?解释原因。

[附录]

法布里-珀罗标准具镜片平行度的调整方法

法布里-珀罗标准具的两块镜片是用 3 个固定间隔块相隔，在一片镜片的背后有 3 只弹簧压紧螺丝，用以微调两片平面镜的平行度，顺时针方向转动螺丝时，将在这一方向上缩小两镜片之间的距离。

因为两镜面之间的平行度要求是很高的，因此实验时应该仔细调整，方法如下：

方法一：用单色光照明标准具，可以观察到一组同心干涉圆环。当眼睛向上移动时，如果看到干涉圆环从中心“冒出来”，或者中心处的圆环向外扩大，这表明两镜面在上方的间距偏大(如图 5 所示，在 A、B 处的入射光与 AB 面的法线方向的夹角相同)，应顺时针方向转动上方的弹簧压紧螺丝，缩小上方的间距；反之，则应逆时针方向转动上方的弹簧压紧螺丝，依次在 3 个弹簧压紧螺丝的方向上，按照上述方法反复调整，直到干涉圆环不随眼睛的移动而变化。

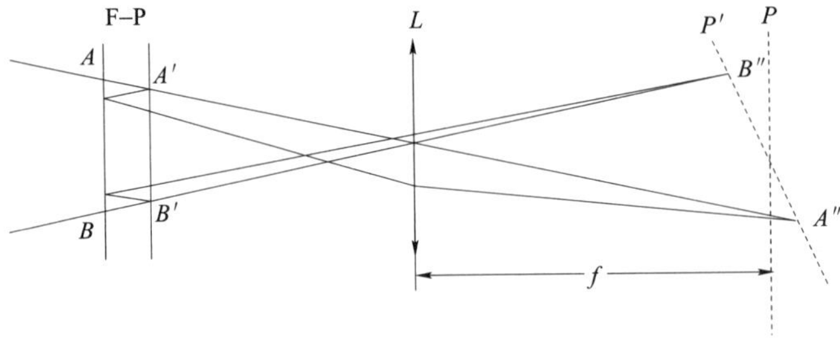

图 5　调整法布里-珀罗标准具的光路图

方法二：根据观察干涉条纹的清晰度来判断法布里-珀罗标准具的平行度。在图 5 中，两镜面在 A 处的间距小于 B 处，所以从 AA'方向入射的单色光经法布里-珀罗标准具后的透射光为一组发散光，经透镜会聚后成像于 A''，从 BB'方向入射的单色光，其透射光则为一组会聚光，经透镜会聚于 B''，这样，整个干涉干涉条纹成像于 P'平面上，用与光轴垂直的观察屏观察时，不能同时看清楚全部干涉条纹。观察屏前后移动时，才能依次看清各个干涉条纹，由此可以判断应调节哪一个弹簧压紧螺丝。

实验三　核磁共振测物质的弛豫时间

[实验目的]

1. 理解核磁共振测物质弛豫时间的原理。
2. 熟练掌握实验操作过程。

[实验内容]

利用脉冲核磁共振原理测量物质的弛豫时间。

[实验原理]

(1) 弛豫过程

脉冲核磁共振是用射频脉冲将原子核从低能级跃迁至高能级;再观察原子核从高能极跃迁至低能级时辐射的电磁波的过程。

弛豫过程是由于物质间相互作用产生的,发生核磁共振的前提是核自旋体系磁能级间自旋粒子数差不为零,而核磁共振本身是以粒子数 n 按指数规律下降为代价的,由于共振吸引,系统处于非平衡态,系统由非平衡态过渡到平衡态的过程叫弛豫过程。弛豫是与射频场诱导激发跃迁相反的过程,当两者的作用处于动态平衡时,可观察到稳定的共振信号。磁化强度分为纵向和横向分量,因此弛豫可分为纵向弛豫和横向弛豫。纵向弛豫起因于自旋—晶格热运动之间的相互作用,使得自旋无辐射的情况下按 $\exp\left(-\frac{t}{T_1}\right)$ 由高能级跃迁至低能级,T_1 为纵向弛豫时间。纵向弛豫时间 T_1 反应自旋系统粒子数差从非平衡态恢复到平衡态的特征时间常数,T_1 越短则表明自旋—晶格相互作用越强。横向弛豫是指核自旋之间相互作用使用得自发辐射信号按 $\exp\left(-\frac{t}{T_2}\right)$ 衰减,T_2 称之为横向弛豫时间。横向弛豫时间 T_2 源于自旋—自旋之间的相互作用,横向弛豫时间表征了由于非平衡态进动相位相关产生的不为零的磁化强度横向分量恢复到平衡态时相位无关的特征时间常数。

根据 Bloch 方程:

$$\begin{cases} \dfrac{\mathrm{d}u_x}{\mathrm{d}t}=\gamma(B_y u_z-B_z u_y) \\ \dfrac{\mathrm{d}u_y}{\mathrm{d}t}=\gamma(B_z u_x-B_x u_z) \\ \dfrac{\mathrm{d}u_z}{\mathrm{d}t}=\gamma(B_x u_y-B_y u_x) \end{cases}$$

有:

$$\begin{cases} \dfrac{\mathrm{d}u_x}{\mathrm{d}t}=\gamma(B_y u_z-B_z u_y)-\dfrac{u_x}{T_2} \\ \dfrac{\mathrm{d}u_y}{\mathrm{d}t}=\gamma(B_z u_x-B_x u_z)-\dfrac{u_y}{T_2} \\ \dfrac{\mathrm{d}u_z}{\mathrm{d}t}=\gamma(B_x u_y-B_y u_x)-\dfrac{u_z}{T_2} \end{cases}$$

(2) 自旋回波法测量 T_2 的原理

自旋回波法(spin-echo method)是在静磁场不均匀情况不可以测定横向弛豫时间的一

种方法。它在静磁场的垂随方向加上 90°—τ—180°电磁脉冲序列。90°脉冲使磁化强度处翻转在 y 轴上，成为磁化强度横向分量。在非均匀磁场影响下，很快散相，然后在时间为 t 时，在 x 轴上施加一个 180°脉冲，把磁化强度矢量倒转 180°，到其镜像位置，结果是沿着与散相过程相反的方向使磁化矢量得以重聚，在 180°脉冲后的 t 时刻，可以测到一个自旋回波。回波幅度与加上 180°脉冲的时刻 t 有关。改变 t，并多次重复 90°—τ—180°脉冲序列，便可以得到一串按横向弛豫时间衰减的回波信号。

1）当 $t=0$ 时，$\boldsymbol{M}_z$（力矩 $\boldsymbol{M}=\boldsymbol{u}\times\boldsymbol{B}$）在 z 轴上（$\boldsymbol{M}_z=\boldsymbol{M}_{z0}$），沿 y 轴，加入一个 90°脉冲．则 M_z 转到 x 轴。

2）再沿 y 轴方向施加一个 180°脉冲，使得 $\boldsymbol{M}_z$ 倒转到 $-x$ 轴。

3）对于源由不均匀磁场、化学位移以及异核间的耦合所造成的速度差异的核，速度快的核仍然以顺时针方向运动，而速度慢的以逆时针方向运动。

4）经过了 2τ 时间，$\boldsymbol{M}_z$ 聚合在 $-x$ 轴，则可测得信号。经过此 x，y 方向的运动后，利用 $\boldsymbol{M}_X R(t)=\boldsymbol{M}_X R(\mathrm{o})\exp\left(-\frac{t}{T_2}\right)$，$\boldsymbol{M}_y R(t)=\boldsymbol{M}_y R(\mathrm{o})\exp\left(-\frac{t}{T_2}\right)$，以不同脉冲时间间隔采集实验数据，便可由衰减信号而得 T_2。

在 90°脉冲后，经过 τ 时间，再加 180°脉冲 $\boldsymbol{u}$ 的横向分量为未加 180°脉冲时 τ 时刻的 $\boldsymbol{u}$ 的横向分量为：

$$u_x = \exp\left(-\frac{t+t_0}{T_2}\right)\int_{-\infty}^{+\infty} a(\Delta\omega)\cos[(\omega_0+\Delta\omega)\tau]\mathrm{d}\Delta\omega$$

$$u_y = a\exp\left(-\frac{t+t_0}{T_2}\right)\int_{-\infty}^{+\infty} a(\Delta\omega)\sin[(\omega_0+\Delta\omega)\tau]\mathrm{d}\Delta\omega \tag{1}$$

加载 180°后得：

$$u_x = \exp\left(-\frac{t+t_0}{T_2}\right)\int_{-\infty}^{+\infty} a(\Delta\omega)\cos[(\omega_0+\Delta\omega)\tau]\mathrm{d}\Delta\omega$$

$$u_y = a\exp\left(-\frac{t+t_0}{T_2}\right)\int_{-\infty}^{+\infty} a(\Delta\omega)-\sin[(\omega_0+\Delta\omega)\tau]\mathrm{d}\Delta\omega \tag{2}$$

$$u_x = \exp\left(-\frac{t+t_0}{T_2}\right)\int_{-\infty}^{+\infty} a(\Delta\omega)\cos[(\omega_0-\Delta\omega)(t-2\tau)]\mathrm{d}\Delta\omega$$

$$u_y = a\exp\left(-\frac{t+t_0}{T_2}\right)\int_{-\infty}^{+\infty} a(\Delta\omega)\sin[(\omega_0-\Delta\omega)(t-2\tau)]\mathrm{d}\Delta\omega \tag{3}$$

由于频谱增宽而导致得相位散失，通过 180°脉冲后在 $t=2\tau$ 时又重新聚合。工作时序如图 1 所示。

(3) 反转恢复法测量 T_1 的原理

反转恢复法(inversion-recovery)：首先在 y 轴方向(见图 3)，给一个 180°脉冲，便在 z 轴方向的磁矩 $\boldsymbol{M}_z$ 反转 180°，此时磁矩为 $\boldsymbol{M}_z(0)$，经过 t 时间后，再于 y 轴方向给予 90°脉冲，把剩余的磁矩转至 x 轴加以观测，所得信号 At。

样品在基态经过 180°脉冲后跃迁至激发态，再由激发态向基态弛豫的过程。可以用公式(4)表达：

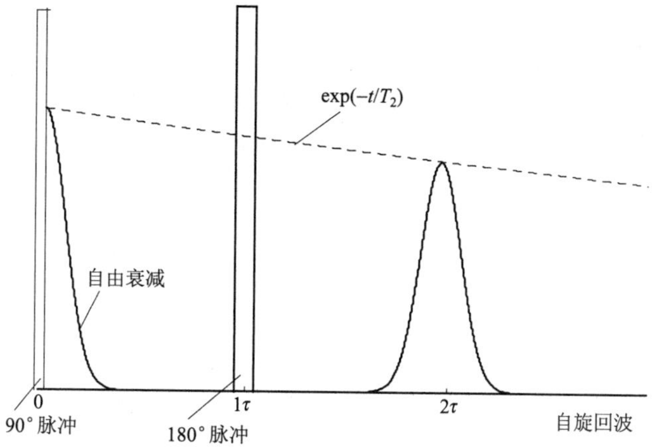

图 1　自旋回波法

$$u_x=0、u_y=0,u_z=1-2\exp\left(-\frac{t}{T_1}\right) \tag{4}$$

然后经过 τ 时刻再加 90°脉冲。有：

$$u_x=-\left(1-2\exp\left(-\frac{\tau}{T_1}\right)\right)\sin(\omega_0 t)$$

$$u_y=\left(1-2\exp\left(-\frac{\tau}{T_1}\right)\right)\cos(\omega_0 t)$$

$$u_z=0 \tag{5}$$

由式(5)可以看出：在 $\tau<T_1/\ln 2$ 时信号与射频脉冲的相位相反，在 $\tau>T_1/\ln 2$ 时信号与射频相脉冲位相同，在 $\tau=T_1/\ln 2$ 时信号为零。所以可以通过测出零信号时的 τ 即可得到 T_1，如图 2 所示。

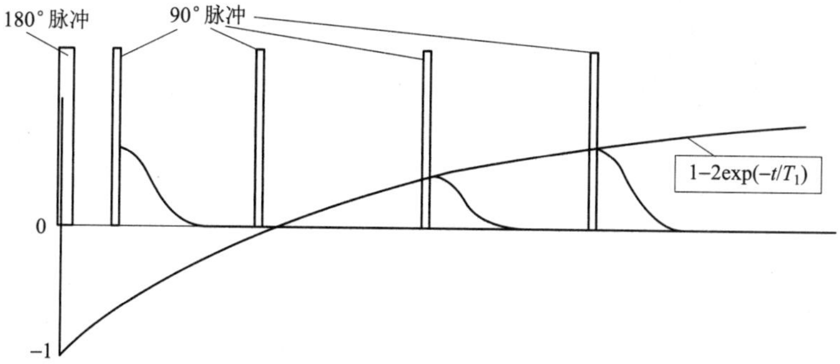

图 2　180°—90°测量 T_1

(4) 饱和恢复法测量 T_1 的原理

利用 90°—t—90°脉冲测量 T_1

首先在沿 y 轴方向施加一个 90°脉冲，使 z 轴方向的磁矩 $\boldsymbol{M}$，转至 x 轴，经过 τ 时间，部

分回到 z 轴。再施加 90°脉冲把此部分磁矩转至 x 轴加以观测，磁量 $M_z(t)=M_z(0)\exp\left(-\frac{t}{T_1}\right)$ 与 1 方法相同，可以测得 T_1。

使用此方法的条件是 $T_1 \gg T_2$，T_2 时间若很短，则经 t 时间后自旋-自旋弛缓已经完全去相，不会残余在 x 轴上，则测量 T_1 值不受到 T_2 影响。

样品在基态经过 90°脉冲后跃迁至激发态，再由激发态向基态开始弛豫的过程。可以用公式(6)表达：

$$u_x = f(t)\sin(\omega_0 t + \phi_0)$$
$$u_y = f(t)\cos(\omega_0 t + \phi_0)$$
$$u_z = 1 - \exp\left(-\frac{t}{T_1}\right) \tag{6}$$

然后经过 τ 时刻再加 90°脉冲。则有：

$$u_x = -\left(1 - \exp\left(-\frac{\tau}{T_1}\right)\right)\sin(\omega_0 t)$$
$$u_y = \left(1 - \exp\left(-\frac{\tau}{T_1}\right)\right)\cos(\omega_0 t)$$
$$u_z = 0 \tag{7}$$

由式(7)可看出：第二脉冲随 τ 的增加信号强度按 $1-\exp\left(-\frac{\tau}{T_1}\right)$ 增加，如图 3 所示。

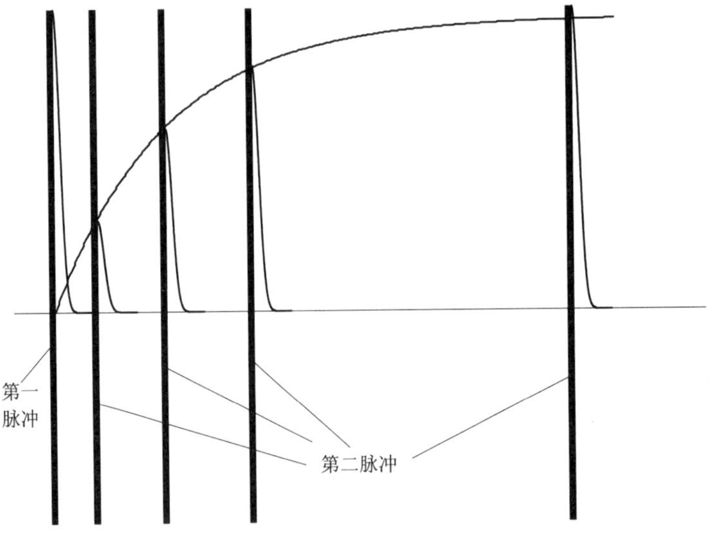

图 3　第一、二脉冲信号强度曲线

［实验仪器］

电磁铁、脉冲信号发生器、示波器、$CuSO_4$、甘油样品、计算机、励磁电源、开关放大器、变频放大器。实验装置图如图 4 所示。

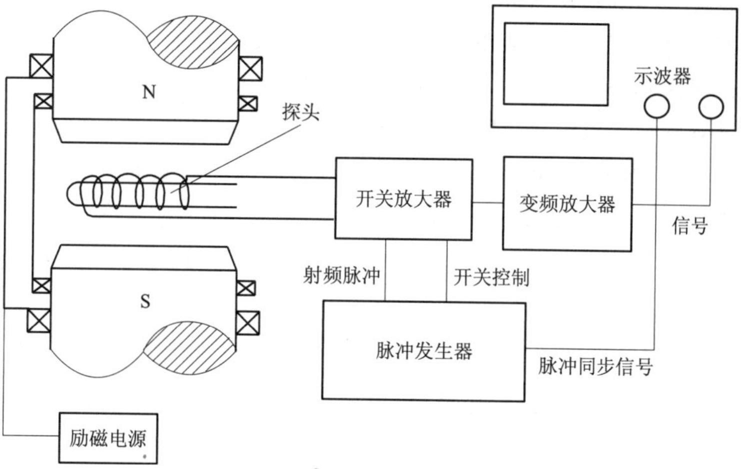

图 4　实验装置图

[实验步骤]

(1) 按图连接好仪器,接通电源,预热 30 min

(2) 仪器调试

1) 将"脉冲发生器"的第一、二脉冲宽度的旋钮打至 1 ms 挡;重复时间打至 1 s 挡;脉冲的重复时间电位器及脉冲间隔电位器的旋钮旋至最大。

2) "射频相位检波器"进行参数设置:将增益旋钮打至 5 mV 挡(即最灵敏挡)。

3) 将匀场板放入横放的磁铁中,并放入样品 0.01%$CuSO_4$ 溶液。

4) 示波器设置:先将"射频相位检波器"的"检波输出"信号接 CH1 通道并把幅度拨至 0.1 V,AC 挡;然后将"脉冲发生器"的"脉冲输出"(右)接示波器的同步端口(EXT 端);频率开关拨到 5 ms 挡;同步方式选择"常态"(NORM)挡;调节"电平"至同步。

5) 仪器通电后再进行调试,在调节 I_0 时由零调至最大,如果无信号时可能电流方向接反,改变"匀场线圈电源"仪器上的"电流换向开关",电流方向改变,此时再调节便可得到信号。

(3) 信号调节

1) 当出现信号后,为了使其达到理想效果,首先轻微旋动核磁仪上匀场板的螺丝,当看到信号略微稳定后停止旋动。

2) FD-YC 匀场线圈电源仪器上开始调节信号,首先确定电流方向,若信号明显,则不调节,反之换挡;然后粗调 I_0 旋钮,当出现明显的自由衰减信号后,再对 Z 旋钮进行调节,而后同时对两旋钮进行轻微调动,此时操作 I_0 的微调旋钮,当示波器显示的图像稳定且清晰后停止调节。

3) 断开示波器与射频相位检波器的检波输出接口的连接,将检波输出与计算机 Line-In 输入端连接,打开软件按下记录键,观察图像。若信号良好则开始采集数据,若信号较差或者噪声较大则继续前面的调节,直到出现满意的信号为止。

(4) 信号观察

1) 自由衰减观察

为了得到脉冲核磁共振信号必须具备两个必须条件：探头与放大器匹配；磁场与脉冲射频频率满足共振条件。探头与放大器匹配是指脉冲射频以最大功率加载至探头上，同时探头探测的信号以最大功率输入至放大器上。调节匹配由“开关放大器”背后的可变电容完成。为了得到良好的放大性能，采用固定频率，调节磁场强度至共振条件。即通过的“匀场电源”中的“I_0 调节”旋钮以及“Z 旋钮”调节磁极两端的线圈电流来调节磁场。

观察第一脉冲，调节磁场至信号最大。先将第一脉冲宽度调至 0，信号应为 0。逐渐加大 T_1 至信号最大即 90° 脉冲。注意：信号磁场随磁场的关系为 $I=\sin\left(\frac{B-B_0}{P}\right)\Big/\left(\frac{B-B_0}{P}\right)$（$P$ 为与功率有关的系数），所以信号随磁场的变化是经过几次峰谷值后达到最大。第一脉冲宽度由零开始调大至某值，相应调整磁场，观察波形变化，目的是使 FID 信号衰减最慢，脉冲宽度变化意味着样品体系、磁化矢量、倾倒角的变化，设置不同的脉冲角度，如 90°、180°等，观察 FID 变化，90°信号最大，180°信号为零。

2）自旋回波法测量弛豫时间 T_2

90°～ 180°双脉冲自旋回波法测量 T_2：第一脉冲调至 90°脉冲（自由衰减最大），调节第二脉冲至 180°脉冲（自由衰减最小），调节磁场（调节 I_0）至共振频率与射频脉冲频率相等就可以观察到自旋回波。调节 I_0 至自旋回波最大，调节第一脉冲至自旋回波信号最大，调节第二脉冲至自旋回波信号最大。改变脉冲间隔 τ 测的 T_2 指数衰减关系。（粗调时重复时间旋至最大，脉冲间隔 20 ms 左右，样品采用 0.01%硫酸铜溶液）。然后采集数据并处理得出结果。

(5) 采集数据

当示波器显示自由衰减信号（FID），并且自旋回波波峰较大的时候，将射频脉冲相位检波器的检波输出接口连接至计算机 Line-In 或 MIC 输入端，然后打开软件，进行数据采集。

(6) 数据处理

通过采集的十组数据，在计算机上经过软件处理得到处理结果图，通过拟合，得到最后的实验数据结果 T_2、T_1。

［思考题］

1. 本实验中有几个磁场？它们的相互方向有什么要求？

2. 实验中若外磁场不稳定，对实验结果会有什么影响？

3. 本实验的主要误差来源有哪些？

4. 什么是弛豫过程？什么是纵向弛豫时间？什么是横向弛豫时间？

实验四　核磁共振测物质的化学位移

[实验目的]

1. 理解核磁共振法测量化学位移的原理。

2. 熟练掌握仪器的操作。

[实验内容]

利用脉冲核磁共振原理测量物质的化学位移。

[实验原理]

脉冲核磁共振是用射频脉冲将原子核从低能级跃迁至高能级，再观察原子核从高能级跃迁至低能级时辐射的电磁波的过程。

在有机化合物中，各种氢核周围的电子云密度不同(结构中不同位置)共振频率有差异，即引起共振吸收峰的位移，这种现象称为化学位移。化学位移是核磁共振应用于化学上的支柱，它起源于电子产生磁屏蔽。当加上外磁场时，原子和分子不仅受到外磁场的作用，而且受到施加外磁场后由于核周围电子引起的屏蔽作用。电子也是磁性体，它的运动受到电磁场的影响，由于外磁场而引起的电子的附加运动感应出磁场，其方向与外磁场方向相反(Lenz 定律)，大小与外磁场成正比，所以在核处的实际磁场是：

$$B(\text{核})=B_0-\sigma B_0=B_0(1-\sigma) \tag{1}$$

式中：σ 为施屏蔽因子，σ 是个很小的量(对质子大约是 10^{-5}，对其他核$<10^{-3}$)，实际上 σ 是个二级张量，屏蔽的大小依赖于分子相对于外磁场的取向。但是，对快速运动的分子(如气体或液体中的分子)，σ 中依赖于方向的部分(各向异性)会被平均掉，在这种情况下，σ 可看作是一个简单的数。在实验上，σ 通常不能进行测定，因为它需要测定裸露核，这是不容易办到的。对于许多应用来说，σ 的测量是相对于某些参考化合物而言的。

如果核的化学环境不同，屏蔽常数 σ 也就不同，因而它们的共振频率也就不同。则：

$$\nu_0=\gamma B_0(1-\sigma) \tag{2}$$

因此，化学位移可以用频率进行测量。但是共振频率与外磁场的强度成正比。不同的 B_0，相应地有不同的共振频率，因此用频率来表示化学位移，在不同的外磁场 B_0 下其数值也就不同，这样显然不是很方便。实际上化学位移是用无量纲的 δ 来表示，这与共振频率、磁场强度都无关。现在我们按两种不同的扫描情况来进行讨论。

1) 假定外磁场 B_0 恒定，在扫描波普时改变频率，样品与参考化合物的共振频率分别是：

$$v_R=\gamma B_0(1-\sigma_R),v_S=\gamma B_0(1-\sigma_S) \tag{3}$$

令：

$$\delta=\frac{v_S-v_R}{v_R}\times 10^6 \tag{4}$$

把式(3)代入式(4)，得：

$$\delta=\frac{\sigma_R-\sigma_S}{B_R}\times 10^6 \tag{5}$$

考虑到 $\sigma_R \ll 1$，则近似：

$$\delta=\frac{\sigma_R-\sigma_S}{1-\sigma_R}\times10^6=(\sigma_R-\sigma_S)\times10^6 \tag{6}$$

2）扫描波谱时，假定频率恒定 v_0，而改变磁场强度，样品与参照物便按下式确定的磁场进行共振。

样品： $v_0=\gamma B_S(1-\sigma_S)$，参照物：$v_0=\gamma B_R(1-\sigma_R)$ (7)

为了与式(5)所取得的定义相一致，则：

$$\delta=\frac{B_R-B_S}{B_R}\times10^6 \tag{8}$$

将式(7)代入式(8)，得：

$$\delta=\frac{\sigma_R-\sigma_S}{1-\sigma_S}\times10^6\approx(\sigma_R-\sigma_S)\times10^6 \tag{9}$$

由式(9)或式(6)看到，用 δ 表示化学位移，只取决于样品 σ_S 与参照物 σ_R 屏蔽常数之差值，与扫描波普时所用的磁场 B_0 无关。参照化合物（如 TMS）选定后，各化合物的化学位移便有固定的 δ 值，δ 的单位是 ppm(10^{-6})。

[实验仪器]

电磁铁、脉冲信号发生器、示波器、二甲苯样品、计算机、励磁电源、开关放大器、变频放大器。实验装置图如图 1 所示。

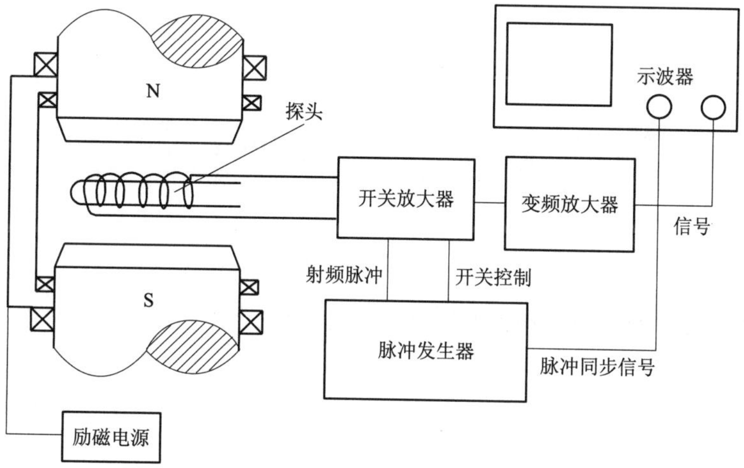

图 1　实验装置图

[实验步骤]

(1) 根据装置图连接好线路

(2) 实验仪器的调试

1）将“脉冲发生器”的第一、二脉冲宽度波段开关打至 1 ms 挡；重复时间打至 1 s 挡；脉冲的重复时间电位器及脉冲间隔电位器旋至最大。

2）“射频相位检波器”的参数设置：将增益波段开关打至 5 mV 挡(即最灵敏挡)。

3）在“FD-PNMR-II 脉冲核磁共振仪”中：“射频开关放大器”的 L16 座通过 L16-Q9 线边接至匀场板，并将匀场板放入横放的磁铁中，放入样品。

4）示波器设置：将“射频相位检波器”的“检波输出”信号接 CH1 通道（或 CH2）并把幅度拔至 0.1 V，AC 挡；将“脉冲发生器”的“脉冲输出”（右）接同步端口（即 EXT 端）；频率放至 2 ms 或 5 ms 挡；同步方式选择“常态”（NORM）挡和按下键（“上升触发”、“＋”）。调节“电平”至同步。

5）通电后调试，当调节 I_0 时，由零调至最大，若无信号时可能电流方向接反，改变“匀场线圈电源”上的“电流换向开关”，电流方向改变，此时再调节便可得到信号。

6）适当地调节匀场板上 4 个螺丝的位置和匀场板在磁铁中的位置以便得到最佳的波形。

(3) 实验数据的采集

当调试出 90 脉冲自由衰减信号（方法同实验十　核磁共振发测量物质的弛豫时间）时，将示波器信号接至计算机 Line-In 或 MIC 输入端，打开软件按记录。

(4) 数据处理

应用 FD-PNMR-II 脉冲核磁共振软件对实验数据进行处理。首先选择较为理想的脉冲位置，使第一个脉冲的起始点位于屏幕的最左端，然后通过“化学位移|时域”频域切换进入该信号的频域空间。通过键盘上的左右移动箭头键寻找傅里叶变换所得曲线的峰值，当到达第一个峰时通过“化学位移峰 1”位置标记这个峰，到达第二个峰时通过“化学位移峰 2”位置标记这个峰，此时将有两个峰的频率差显示在屏幕右下方，即化学位移。

［思考题］

1. 什么是化学位移？

2. 外磁场的强弱对化学位移值有影响吗？为什么？

3. 若磁场不均匀，对测量结果有什么影响？

实验五　微波顺磁共振

[实验目的]

1. 了解顺磁共振的基本原理。

2. 学会 DPPH 自由基中电子的 g 因子测量方法。

3. 掌握微波顺磁共振仪的调节方法。

[实验内容]

1. 观察样品在谐振腔中的顺磁共振现象。

2. 测量 DPPH 自由基中电子的 g 因子。

[实验原理]

(1) 微波顺磁共振原理

电子自旋和轨道运动使原子具有一定的磁矩。原子的总磁矩 μ_J 与总角动量 P_J 的关系为：

$$\mu_J = -\frac{\mu_B}{\hbar}P_J \tag{1}$$

朗德因子的值与原子能级的总角动量 J、自旋量子数 S 和轨道量子数 L 有关，在 $L-S$ 耦合情况下：

$$g=\frac{1+J(J+1)+S(S+1)-L(L+1)}{2J(J+1)} \tag{2}$$

自由电子的自旋量子数 $S=\frac{1}{2}$，其自旋角动量 $P_S=\sqrt{S(S+1)}\hbar$。由此可见，若 $L=0$，$J=S$，即原子磁矩完全由电子自旋磁矩贡献，则 $g=2$。若 $S=0$，$J=1$，即磁矩完全由电子的轨道磁矩所贡献，则 $g=1$。若自旋和轨道磁矩两者都有贡献，则 $1<g<2$。因此，精确测定 g 值便可判断电子运动对原子磁矩的影响，从而有助于了解原子的结构。

在顺磁物质中，电子受到原子外部电荷的作用而使电子轨道平面发生旋进，电子的轨道角动量量子数 L 的平均值为 0，电子轨道角动量可近似为零。因此顺磁物质中的磁矩主要是电子自旋磁矩的贡献。

在外磁场 B_0 中，电子自旋磁矩与 B_0 相互作用，电子的单个能级将分裂成 $2S+1$（即两个）子能级，如图 1 所示，两相邻子能级间的能级差为：

$$\Delta E = g\mu_B B_0 \tag{3}$$

式中：$\mu_B=\frac{e\hbar}{2m_e}=9.274\ 1\times10^{-24}$ J/T，称为玻尔磁子，g 为电子的朗德因子，是一个无量纲的量，其数值与粒子的种类有关，如 $S=\frac{1}{2}$ 的自由电子 $g=2.002\ 3$。

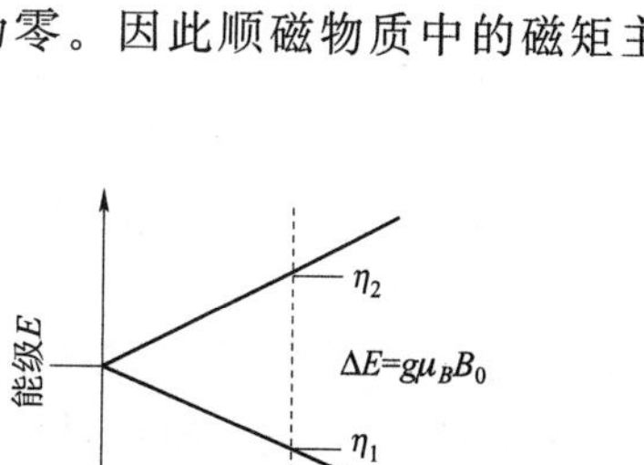

图 1　电子自旋共振能级分裂图

若在垂直于外磁场 B_0 的方向加一频率为 ν 的微波，处于低能级的电子就要吸收微波的能量而跃迁到高能级上去。当满足：

$$h\nu=\Delta E=g\mu_B B_0 \tag{4}$$

在相邻能级间发生共振跃迁，即顺磁共振。式(4)即为顺磁共振条件，其中 h 为普朗克常数 $h=6.62\times10^{-34}\mathrm{J\cdot s}$。

在静磁场中，当处于热平衡时，上下能级的粒子数遵从玻耳兹曼分布，即高能级上的电子数 n_2 与低能级上的电子数 n_1 之比为：

$$\frac{n_2}{n_1}=\exp\left(-\frac{\Delta E}{kT}\right)=\exp\left(-\frac{g\mu_B B_0}{kT}\right) \tag{5}$$

由于磁能级间距很小，$g\mu_B B_0 \ll kT$，上式可展开为：

$$\frac{n_2}{n_1}\approx 1-\frac{g\mu_\beta B_0}{kT}\approx 1-\frac{hv}{kT} \tag{6}$$

式中：k 为玻耳兹曼常数，$k=1.380\ 7\times10^{-23}\mathrm{J/K}$，由于 $\Delta E/kT>0$，因此 $n_2<n_1$，即高能级的粒子数稍低于低能级的粒子数，低能电子向高能级的跃迁占主导。实验中微波的频率是固定的，外磁场是变化的，顺磁物质的电子吸收微波能量而跃迁，当外磁场满足式(4)的 B_0 时就出现顺磁共振现象，此时吸收能量最大。吸收能量与外磁场强度的关系如图 2 所示。由以上公式可知，外磁场越强，微波频率 ν 越高，温度越低，则粒子差数越大，共振信号强度越大。

本实验采用扫场法观察顺磁共振现象，即在直流外磁场 B_0 上叠加一个交变调场 $B_1\cos\omega t$，这样样品上的外磁场为 $B=B_0+B_1\cos\omega t$。当磁场扫过共振点，满足共振条件时，发生共振，改变谐振腔的输出功率或反射状况，通过示波器观察共振信号。实验所采用的样品为含有自由基的二苯基—苦基肼基(DPPH)，其分子式为 $(C_6H_5)_2N-NC_6H_2(NO_2)_3$，结构式如图 3 所示。

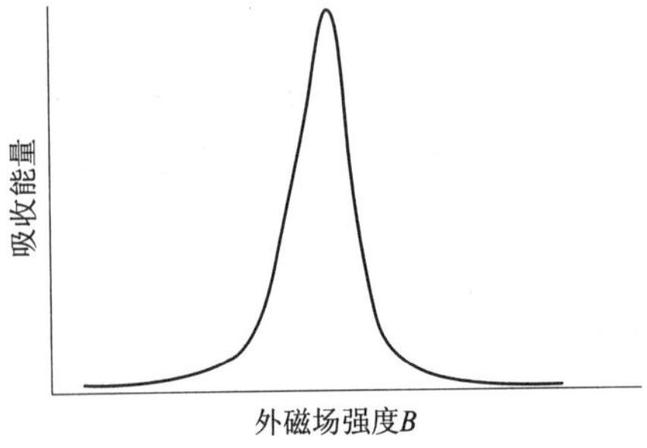

图 2 顺磁共振吸收曲线

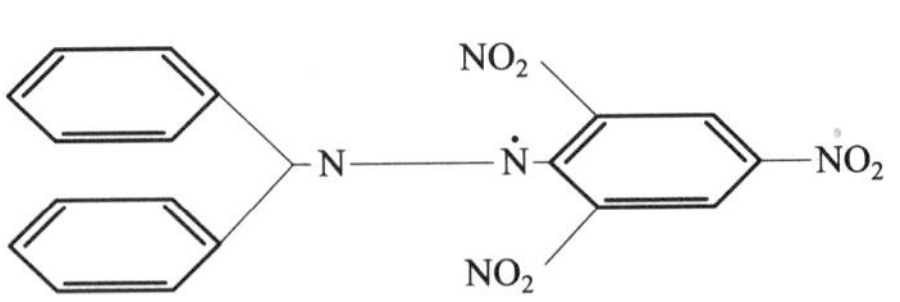

图 3 DPPH 的结构图

由此可见，在中间的 N 原子少一个共价键，有一个未配对的自由电子，这个自由电子就是实验研究的对象，它无轨道磁矩，因此实验中观察到的是电子自旋共振的情况，故通常又称为电子自旋共振(ESR)，由于 DPPH 中的“自由电子”并不是完全自由的，故其 g 因子值不等于 2.002 3，而是 2.003 6。

(2) 仪器工作原理

本实验中微波信号的频率为 9 370 MHz，微波信号经过隔离器、衰减器、波长计到魔 T 的 H 臂，魔 T 将信号平分后分别进入相邻两臂。

调节矩形样品谐振腔，微波能量通过输入端的耦合片进入微波谐振腔。矩形谐振腔的末端是可移动的活塞,用来改变谐振腔的长度。实验样品为密封于一段细玻璃管中的有机自由基 DPPH,通过调节机械传动装置可使实验样品处于谐振腔中的任何位置,从而可保证样品处于微波磁场的最强处。

系统中,磁共振实验仪的 X 轴输出为示波器提供同步信号,调节"调相"旋钮可使正弦波的负半周扫描的共振吸收峰与正半周的共振吸收峰重合。当用示波器观察时,扫描信号为磁共振实验仪的 X 轴输出的 50 Hz 正弦波信号,Y 轴为检波器检出的微波信号。将磁场强度 B 的数值及微波频率 ν 的数值代入磁共振条件就可以求得朗德因子 g 值。

1) 微波源

本实验采用 3 cm 固态微波源,由微波信号发生器提供 9 370 MHz 的微波振荡信号。

2) 魔 T

魔 T 作为微波电桥使用(见图 4),具有"双臂隔离,旁臂平分"的特性。利用 4 端口 S 矩阵可证明,只要 1、4 臂同时调到匹配,则 2、3 臂也自动获得匹配;反之亦然。E 臂和 H 臂之间固有隔离,反向臂 2、3 之间彼此隔离,即从任一臂输入信号都不能从相对臂输出,只能从旁臂输出。当信号从 H 臂输入,在 2、3 臂理想匹配的条件下,信号等幅同相传输,E 臂无信号输出。当 2、3 臂非理想端接的情况下,反射信号由 E 臂输出,其输出为 2、3 臂微波信号的矢量和。

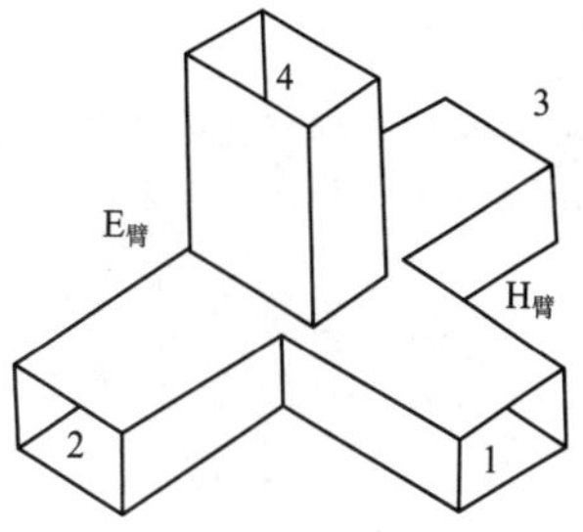

图 4 魔 T 示意图

当微波信号经隔离器、衰减器、波长计进入魔 T 的 H 臂,同相等分给 2、3 臂,而不能进入 E 臂。2 臂接可调的反射式矩形样品谐振腔,调节样品 DPPH 在腔内的位置,在谐振频率点,谐振吸收,反射最小。3 臂接单螺调配器和终端负载,反复调节,使 E 臂的检波信号输出最小。当外加磁场为谐振场强 B 时,样品发生电子自旋共振吸收,改变了谐振腔的工作状态,E 臂的检波信号输出发生变化。将该信号接入示波器的 Y 轴就可观察到共振信号。

3) 样品腔

样品腔是一个反射式终端活塞可调的矩型谐振腔。调节谐振腔的末端短路活塞,使样品置于谐振腔的电场波节点处(电场最小,磁场最强处),谐振腔谐振,在腔内形成驻波(见图 5)。

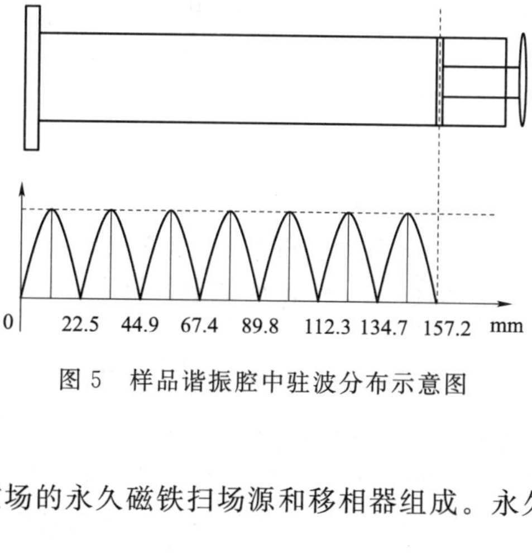

图 5 样品谐振腔中驻波分布示意图

4) 磁场系统

磁场系统由带调制磁场的永久磁铁扫场源和移相器组成。永久磁铁提供与工作频率匹配的样品磁能级分裂所必需的恒定磁场 B_0，扫场源在调制线圈上加上 50 Hz 的低频电流，便产生一个交变磁场 $B\sin\omega t$。如果调制磁场变化的幅度比磁共振信号的宽度大，则可以扫出整个共振信号。若将 50 Hz 调制场加至示波器 X 轴扫描，则示波器出现一个瞬时磁场 $B_0+B\sin(2\pi\times 50t)$，其中，$B$ 是调制场的幅度值($B_0 /\!/ B$)。同时将微波信号经过检波后接至示波器 Y 轴，发生共振时，吸收信号以脉冲形式显示在示波器上。因调制场在一周期内有两次通过共振区，因此可观察到两个共振信号，这时可调节 50 Hz 扫描信号的相位(即共振实验仪上的“调相”旋钮)，使两个共振信号重合。

[实验仪器]

信号发生器、可变衰减器、波长计、魔 T、匹配负载、单螺调配器、晶体检波器、矩型样品谐振腔、耦合片、H 面弯波导、波导支架、磁共振实验仪、电磁铁、隔离器、示波器。实验装置图如图 6 所示。

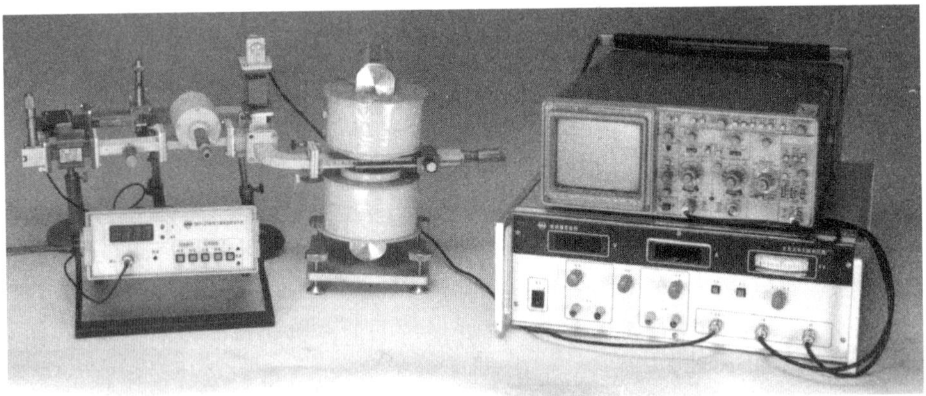

图 6 实验装置图

[实验步骤]

(1) 根据装置图连接系统，将可变衰减器顺时针旋至最大，开启系统中各仪器的电源，预热 20 min。

(2) 设置顺磁共振实验仪的旋钮和按钮:“磁场” 逆时针调到最低，“扫场” 顺时针调到最大。按下“检波”按钮，使磁共振实验仪处于检波状态。

(3) 将样品位置刻度尺置于 90 mm 处，样品置于磁场正中央。

(4) 将单螺调配器的探针逆时针旋至“0”刻度。

(5) 信号源工作于等幅工作状态，调节可变衰减器及“检波灵敏度”旋钮使磁共振实验仪的调谐电表指针指在满刻度的 2/3 以上。

(6) 旋转波长表的测微头，找到电表跌落点，使振荡频率在 9 370 MHz。

(7) 调节样品谐振腔的可调终端活塞，使调谐电表指示最小(即低落点)，此时样品谐振腔对微波信号谐振。

(8) 按下“扫场”按钮，调节“扫场”旋钮使电表指示在满刻度的一半左右。

(9) 顺时针调节磁场电流，当电流达到 1.7～1.9 A 时，示波器上即可出现电子共振信号。若共振信号不太理想时，可微调测微头、可变衰减器，增大共振波形的峰值；调节样品在磁场中的位置、单螺调配器深度及左右位置，使共振波形左右对称；调节“扫场”旋钮、“调相”

旋钮，使双共振峰重合。

(10) 用高斯计测量外磁场 B_0，利用公式(4)计算 g 因子。

[思考题]

1. 如何利用顺磁共振原理测量 g 因子？

2. 微波信号是怎样在样品腔中实现谐振的？

实验六　微波等离子体化学气相沉积——金刚石的形核

［实验目的］

1. 掌握多功能微波等离子体装置的使用方法。
2. 理解等离子体激励的原理。
3. 掌握研磨促进形核的方法。

［实验内容］

1. 多功能微波等离子体实验装置的操作使用。
2. 金刚石形核实验

［实验原理］

(1) 等离子体

自然界中物质存在4种形态，即固态、液态、气态、等离子态。所谓等离子体就是被激发电离的气体。固体物质受热熔化成液体，液体受热后变成气体，气体受激励电离或离解成离子、电子、自由基、原子、分子等粒子，由于受激励的气体内正负电荷数相等，故称这种气体状态为等离子体态。因此，只要稀薄气体吸收足够的能量就可激励，使之成为等离子体状态。

等离子体的产生有自然产生和人工产生。自然界产生等离子体有宇宙星球、星际空间以及地球高空的电离层等。人工产生等离子体的方法有光、X射线、γ射线照射、辉光放电、燃烧、冲击波、激光照射、碱金属蒸气与高温金属板的接触、微波激发等离子体等。本实验是用微波加热激发产生等离子体。

等离子体中含有大量具有高能量的活性基团，这使得等离子体能够参与或发生许多不同的化学或物理反应。

(2) 等离子体化学气相沉积

两种以上的气体在等离子状态下相互反应，产生的固体物质以薄膜的形式沉积在基片上，这就是等离子体化学气相沉积(PCVD)。

$$A(气)+B(气)\rightarrow C(固)+D(气)$$

等离子体化学气相沉积的过程为：1) 反应气体A、B被激发为等离子体状态向固体表面扩散。2) 固体表面吸附等离子体。3) 等离子体活性基团与固体物的表面发生化学反应。4) 气态副产物脱附而扩散或被真空泵抽走，生成所需要的固态物沉积在基片上。等离子体化学气相沉积可广泛用于功能薄膜或纳米材料的合成。如金刚石薄膜、氮化碳薄膜、生物或医用薄膜、碳纳米材料等。

(3) 形核

形核首先是碳基团到达基体表面并向内部扩散，然后是基体表面的碳原子以缺陷、金刚石籽晶等为中心的成核、生长。影响形核的因素主要有基体材料(碳扩散系数低的材料可快速形核)、基体表面研磨(金刚石微粉研磨基体表面可在基体表面留下碎屑作为晶种，还可在基体表面产生大量微缺陷，从而促进金刚石的形核)、等离子体参数(对碳向基体内扩散在其表面形成的界面层有重要影响)、偏压(其作用是增加基体表面的离子浓度,但过高的偏压会抑制形核)。

(4) 微波的产生、传导及利用其激发产生等离子体

本实验中,由磁控管产生频率为 2.45 GHz 的微波,微波沿矩形波导传播,经环形器、三螺钉阻抗调配器到达微波谐振腔,调整短路活塞使微波能量集中到反应腔中,使激发气体放电产生等离子体。

(5) 仪器工作原理

本实验采用的是 500 W 多功能微波等离子体装置,其技术原理是:微波源产生频率为 2.45 GHz 的微波,沿 BJ22 矩形波导管以 TE10 模式传输,调整短路活塞,在水冷谐振腔反应室内激励气体形成轴对称的等离子体球,等离子体球的直径大小取决于真空沉积室中气体压力和微波功率。基片加热采用微波等离子体自加热方式。对于 CH_4-H_2 气体系统,气体激发电离产生大量的含碳基团和氢原子,在合适的工艺条件下,实现金刚石的成核、生长。

[实验仪器]

多功能微波等离子体装置、超声波清洗机、高倍光学显微镜、乙醇、氢气、硅片、金刚石微粉。实验装置图如图 1 所示。

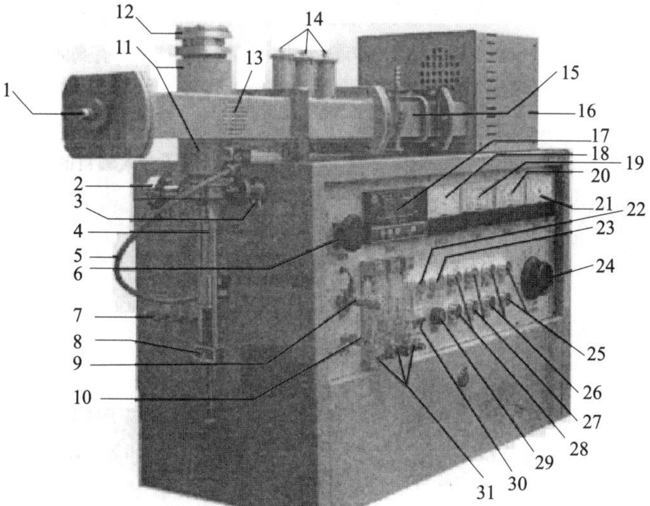

图 1 多功能微波等离子体实验装置图

1—反射活塞调节手轮;2—备用抽气口;3—波纹管;4—样品台升降架;5—冷却水管;6—隔膜阀;7—工作气体导入口;8—样品台升降手轮;9—微调阀;10—放气阀;11—微波谐振腔冷却水套;12—上法兰;13—观察窗;14—三螺钉阻抗匹配器;15—环形管;16—微波源;17—压敏真空计;18—热偶真空计;19—反射监测;20—阳极电流;21—阳极电压;22—压敏开关;23—热偶开关;24—高压初级调节;25—高压开关;26—真空泵开关;27—制冷剂开关;28—循环水开关;29—报警器;30—总电源;31—转子流量计

[实验步骤]

(1) 连接线路,检查总电源,冷却水,气路。冷却水箱中水位至约 80%的位置且水质正常,气路Ⅰ接入甲烷或乙醇,气路Ⅱ接入氢气,气路连接正常、安全。

(2) 基体用超声波清洗机清洗,再在表面研磨金刚石微粉,并清洗、风干,在高倍光学显微镜下观察到致密细微的划痕为止。否则再次研磨、清洗、风干。

(3) 将研磨好的样品放置到样品支架台上，调节样品台的高度，使样品台上平面与波导管下平面在同一高度。

(4) 按顺序依次打开总电源→真空泵→热偶→压敏→循环水，抽本底真空到要求值(100 Pa左右)，然后打开高压开关，逐步提高磁控管工作电压，使反应腔中的气体受激产生等离子体。

(5) 通入工作气体(乙醇和氢气)，调节流量至设定值(1路氢气为150～200，2路乙醇为20，3路混合气体为15)；关闭隔膜阀、电阻真空计；调节高真空微调阀，使工作气压达到所需的气压(0.8 MPa左右)；气压稳定后关闭热阻真空计。调节短路活塞使等离子体球位于基片上方；调节三螺钉阻抗调配器使微波反射最小。

(6) 稳态工作2～3 h后关闭装置，依次关闭气路→高压(逐步调低微波功率)→真空泵→冷却水(基片台温度冷却到200 ℃以下再关闭冷却水)→总电源。打开真空室，取出样品。

(7) 观察形核。

[思考题]

1. 金刚石形核实验中为什么要研磨处理硅片？

2. 不同的实验参数对形核有什么影响？

实验七　微波等离子体化学气相沉积法制备薄膜材料

[实验目的]

1. 了解等离子体产生的基本原理和方法。

2. 了解等离子体化学气相沉积法制备薄膜材料的原理。

3. 学会观察薄膜形貌、结构。

[实验内容]

1. 将基片用超声波清洗机清洗、烘干，放入多功能微波等离子体装置的样品台上制备金刚石薄膜。

2. 利用高倍显微镜观察金刚石薄膜的形貌。

[实验原理]

(1) 等离子体

自然界中物质存在 4 种形态，即固态、液态、气态、等离子态。所谓等离子体就是被激发电离的气体。固体物质受热熔化成液体，液体受热后变成气体，气体受激励电离或离解成离子、电子、自由基、原子、分子等粒子，由于受激励的气体内正负电荷数相等，故称这种气体状态为等离子体态。因此，只要稀薄气体吸收足够的能量就可激励，使之成为等离子体状态。

等离子体的产生有自然产生和人工产生。自然界产生等离子体有宇宙星球、星际空间以及地球高空的电离层等。人工产生等离子体的方法有光、X 射线、γ 射线照射、辉光放电、燃烧、冲击波、激光照射、碱金属蒸气与高温金属板的接触、微波激发等离子体等。本实验是用微波加热激发产生等离子体。

等离子体中含有大量具有高能量的活性基团，这使得等离子体能够参与或发生许多不同的化学或物理反应。

(2) 等离子体化学气相沉积

两种以上的气体在等离子状态下相互反应，产生的固体物质以薄膜的形式沉积在基片上，这就是等离子体化学气相沉积(PCVD)。

$$A(气)+B(气)\rightarrow C(固)+D(气)$$

等离子体化学气相沉积的过程为：1) 反应气体 A、B 被激发为等离子体状态向固体表面扩散。2) 固体表面吸附等离子体。3) 等离子体活性基团与固体物的表面发生化学反应。4) 气态副产物脱附而扩散或被真空泵抽走，生成所需要的固态物沉积在基片上。等离子体化学气相沉积可广泛用于功能薄膜或纳米材料的合成。如金刚石薄膜、氮化碳薄膜、生物或医用薄膜、碳纳米材料等。

(3) 微波的产生、传导及利用其激发产生等离子体

本实验中，由磁控管产生频率为 2.45 GHz 的微波，微波沿矩形波导传播，经环形器、三螺钉阻抗调配器到达微波谐振腔，调整短路活塞使微波能量集中到反应腔中，使激发气体放电产生等离子体。

(4) 仪器工作原理

本实验采用的是500 W多功能微波等离子体装置，其技术原理是：微波源产生频率为2.45 GHz的微波，沿BJ22矩形波导管以TE10模式传输，调整短路活塞，在水冷谐振腔反应室内激励气体形成轴对称的等离子体球，等离子体球的直径大小取决于真空沉积室中气体压力和微波功率。基片加热采用微波等离子体自加热方式。对于CH_4-H_2气体系统，气体激发电离产生大量的含碳基团和氢原子，在合适的工艺条件下，实现金刚石的成核、生长，在基片上得到完整的金刚石薄膜。

[实验仪器]

多功能微波等离子体装置、超声波清洗机、高倍光学显微镜、甲烷或乙醇、氢气、硅片、金刚石微粉。实验装置图如图1所示。

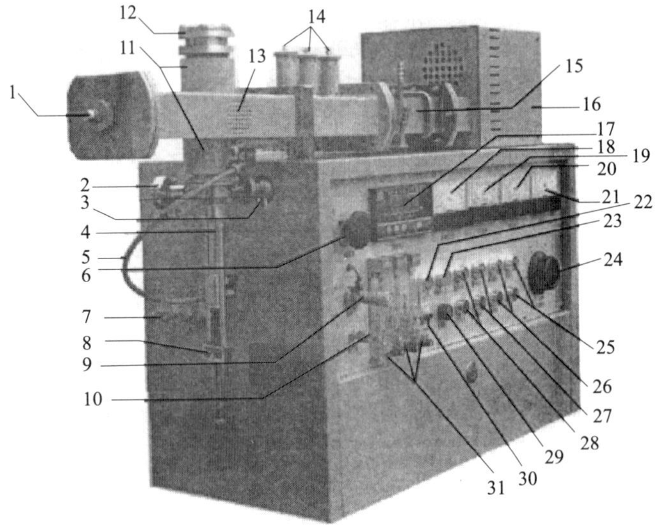

图1 多功能微波等离子体实验装置图

1—反射活塞调节手轮；2—备用抽气口；3—波纹管；4—样品台升降架；5—冷却水管；6—隔膜阀；7—工作气体导入口；8—样品台升降手轮；9—微调阀；10—放气阀；11—微波谐振腔冷却水套；12—上法兰；13—观察窗；14—三螺钉阻抗匹配器；15—环形管；16—微波源；17—压敏真空计；18—热偶真空计；19—反射监测；20—阳极电流；21—阳极电压；22—压敏开关；23—热偶开关；24—高压初级调节；25—高压开关；26—真空泵开关；27—制冷剂开关；28—循环水开关；29—报警器；30—总电源；31—转子流量计

[实验步骤]

(1) 连接线路，检查总电源，冷却水，气路。冷却水箱中水位至约80%的位置且水质正常，气路Ⅰ接入甲烷或乙醇，气路Ⅱ接入氢气，气路连接正常、安全。

(2) 用超声波清洗机清洗基片，并将其迅速干燥处理后放置到样品支架台上，调节样品台的高度，使样品台上平面与波导管下平面在同一高度。

(3) 按顺序依次打开总电源→真空泵→热偶→压敏→循环水，抽本底真空到要求值(100 Pa左右)，然后打开高压开关，逐步提高磁控管工作电压，使反应腔中的气体受激产生等离子体。

(4) 通入工作气体(乙醇和氢气)，调节流量至设定值(1路氢气为150～200，2路乙醇为

20,3 路混合气体为 15);关闭隔膜阀、电阻真空计;调节高真空微调阀,使工作气压达到所需的气压(0.8 MPa 左右);气压稳定后关闭热阻真空计。调节短路活塞使等离子体球位于基片上方;调节三螺钉阻抗调配器使微波反射最小。

(5) 稳态工作 2～3 h 后关闭装置,依次关闭气路→高压(逐步调低微波功率)→真空泵→冷却水(基片台温度冷却到 200 ℃以下再关闭冷却水)→总电源。打开真空室,取出样品。

(6) 观察薄膜的形貌和结构。

[思考题]

1. 本实验中影响基片温度的因素有哪些?

2. 影响薄膜质量的因素有哪些?

3. 若基片未清洗,直接用于实验,对实验结果会有什么影响?

实验八 微波等离子体刻蚀加工

[实验目的]

1. 理解等离子体刻蚀的原理。
2. 了解等离子体参数对刻蚀加工的影响。
3. 利用高倍光学读数显微镜观察等离子体刻蚀加工前后样品的外观形貌的变化。

[实验内容]

1. 利用多功能微波等离子体实验装置刻蚀碳膜。
2. 观察碳膜刻蚀前后的形貌。

[实验原理]

等离子体刻蚀分为“湿刻”和“干刻”。“湿刻”是指用液体化学溶剂腐蚀掉样品表面的物质;“干刻”是指用气体与样品表面作用,刻蚀产物为挥发性气体并被抽走。这里仅介绍“干刻”法。

等离子体“干刻”是采用高频辉光放电反应,使反应气体受激活形成等离子体,活性粒子扩散到刻蚀部位与被刻蚀材料进行反应,形成挥发性生成物而被去除,从而留下不受影响的沟槽边壁上的物质。它具有刻蚀速率高、均匀性和选择性好、可避免废液料污染环境等优点。

等离子体刻蚀的过程:1) 等离子体使母体分子 CF_4 和 CCl_4 辉光放电产生活化自由基 F 和 Cl。如 $4F+Si \rightarrow SiF_4$(气体),$4F+SiO_2 \rightarrow SiF_4$(气)$+O_2$(气)。2) 活性粒子扩散到达 Si 和 SiO_2 表面,并在表面上发生化学反应。3) 抽去气体 SiF_4 和 O_2,Si 和 SiO_2 被刻蚀。

等离子体刻蚀过程如图 1 所示。

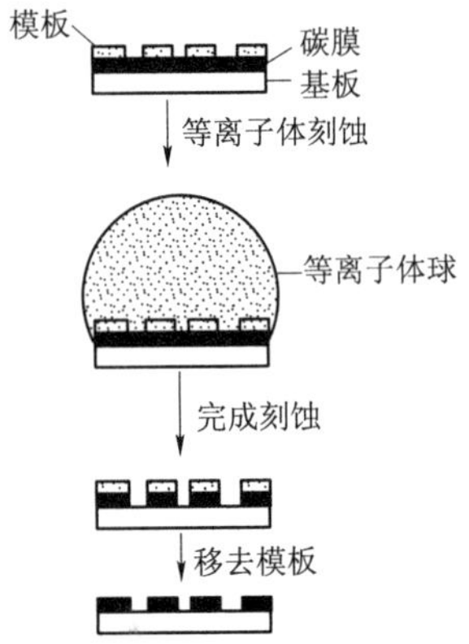

图 1 等离子体刻蚀过程示意图

[实验仪器]

多功能微波等离子体装置、超声波清洗机、高倍光学显微镜、乙醇、玻璃基衬底的碳膜、模板等;实验装置图如图 2 所示。

[实验步骤]

(1) 连接线路,检查总电源,冷却水,气路。冷却水箱中水位至约 80%的位置且水质正常,气路连接正常、安全。

(2) 观察玻璃基衬底碳膜的形貌。

(3) 将掩膜样品放置到样品支架台上,调节样品台的高度,使样品台上平面与波导管下平面在同一高度。

(4) 按顺序依次打开总电源→真空泵→热偶→压敏→循环水,抽本底真空到要求值(100 Pa 左右),然后打开高压开关,逐步提高磁控管工作电压,使反应腔中的气体受激产生等离子体。

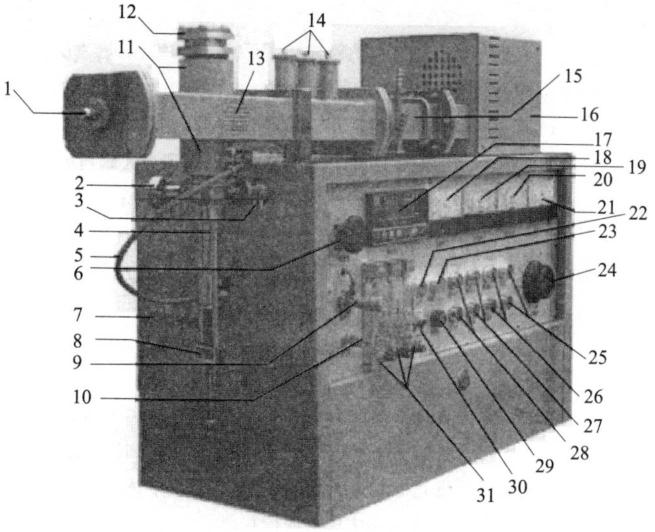

图 2　多功能微波等离子体实验装置图

1—反射活塞调节手轮；2—备用抽气口；3—波纹管；4—样品台升降架；5—冷却水管；6—隔膜阀；7—工作气体导入口；8—样品台升降手轮；9—微调阀；10—放气阀；11—微波谐振腔冷却水套；12—上法兰；13—观察窗；14—三螺钉阻抗匹配器；15—环形管；16—微波源；17—压敏真空计；18—热偶真空计；19—反射监测；20—阳极电流；21—阳极电压；22—压敏开关；23—热偶开关；24—高压初级调节；25—高压开关；26—真空泵开关；27—制冷剂开关；28—循环水开关；29—报警器；30—总电源；31—转子流量计

(5) 通入工作气体，调节流量至设定值；关闭隔膜阀；调节高真空微调阀，使工作气压达到设定值。

(6) 稳态工作 2～3 h 后关闭装置，依次关闭气路→高压(逐步调低微波功率)→流量计→真空泵→冷却水(基片台温度冷却到 200 ℃以下再关闭冷却水)→总电源。打开真空室，取出样品。

(7) 观察刻蚀样品的形貌。

[思考题]

1. 影响等离子体刻蚀速率、均匀性的因素有哪些？

2. 工艺参数的设置对实验结果有影响吗？为什么？

实验九　光磁共振

[实验目的]

1. 加深对原子超精细结构、光跃迁及磁共振的理解。
2. 了解光泵磁共振的实验原理。
3. 学习光泵磁共振的实验方法测定铷原子的郎德因子。

[实验内容]

1. 光抽运信号的观察。
2. 测量当地的地磁场。
3. 测量 g_F 因子。

[实验原理]

(1) 铷(Rb)原子基态及最低激发态的能级

铷在自然界中主要以^{85}Rb 和^{87}Rb 存在，^{85}Rb 占 72.15%，^{87}Rb 占 27.85%。铷是碱金属原子，价电子处于第五壳层，主量子数 $n=5$，轨道量子数 $L=0$，自旋量子数 $S=1/2$，总角动量量子数 $J=1/2$(LS 耦合)。最低激发态的轨道量子数 $L=1$，电子自旋量子数 $S=1/2$，电子的总角动量 $J=L+S$ 和 $L-S$，即 $J=3/2$ 和 $1/2$，因此，铷原子最低激发态是 $5^2P_{3/2}$ 及 $5^2P_{1/2}$。这两个状态的能量不相等，产生精细分裂。从 $5P$ 到 $5S$ 的跃迁产生双线，$5^2P_{1/2}\rightarrow 5^2S_{1/2}$跃迁产生波长为 7 947.6Å 的 D_1 谱线，$5^2P_{3/2}\rightarrow 5^2S_{1/2}$跃迁产生波长 7 800Å 的 D_2 谱线(见图 1)。

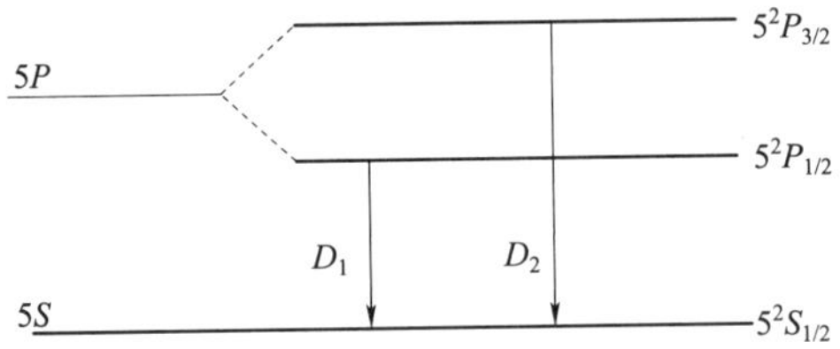

图 1　铷原子光谱 D 双线的形成

在 LS 耦合中，其总角动量 P_J 与电子总磁矩 μ_J 的关系为：

$$\mu_J=-g_J\frac{e}{2m}P_J \tag{1}$$

$$g_J=1+\frac{J(J+1)-L(L+1)+S(S+1)}{2J(J+1)} \tag{2}$$

式中：g_J 为郎德因子；m 是电子质量；e 是电荷量。

核的自旋角动量 P_I 与电子总角动量 P_J 耦合成原子的总角动量 P_F 为：

$$\vec{P}_F=\vec{P}_J+\vec{P}_I \tag{3}$$

$$P_F=\sqrt{F(F+1)}\,\hbar \tag{4}$$

其中，$F=I+J, I+J_1, \cdots, |I-J|$。^{87}Rb 的 $I=3/2$，它的基态 $J=1/2$，具有 $F=2$ 和

$F=1$ 两个状态。^{85}Rb 的 $I=5/2$，它的基态 $J=1/2$，具有 $F=3$ 和 $F=2$ 两个状态。整个原子的总角动量 P_F 与总磁矩 μ_F 之间的关系为：

$$\mu_F=-g_F\frac{e}{2m}p_F \tag{5}$$

其中，

$$g_F=g_J\frac{F(F+1)+J(J+1)-I(I+1)}{2F(F+1)} \tag{6}$$

在有外磁场存在的情况下，总磁矩将与外场相互作用，使原子产生附加的能量：

$$E=-\mu_F B=g_F\frac{e}{2m}p_F B=g_F\frac{e}{2m}M_F(h/2\pi)B=g_F M_F\mu_B B \tag{7}$$

其中，$\mu_B=\frac{e\hbar}{2m}=9.274\ 1\times10^{-24}JT^{-1}$为玻尔磁子，磁量子数 M_F 为 F，$F-1$，…，$-F$。

由此可见，总磁矩 P_F 与磁场 B 的相互作用，超精细结构中的各能级进一步发生塞曼分裂形成塞曼子能级，即分裂成 $2F+1$ 个子能级，其间距相等，各相邻塞曼子能级的能量差为：

$$\Delta E=g_F\mu_B B \tag{8}$$

^{87}Rb 在磁场中的超精细分裂情况如图 2 所示。

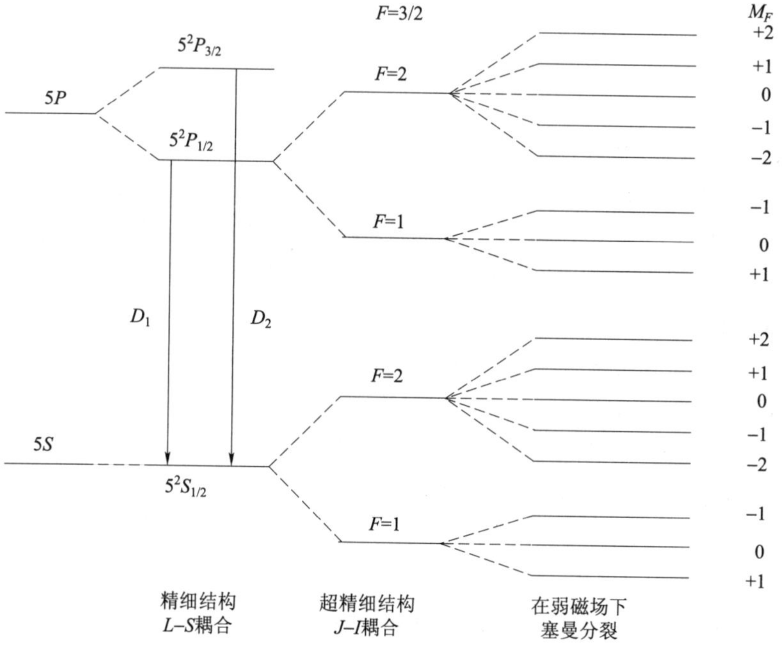

图 2 ^{87}Rb 原子能级超精细分裂

实验中，要对铷光源进行滤光和变换，让左旋圆偏振光 $D_1\sigma^+$ 光通过并照射到铷原子蒸气上，观察铷蒸气 $D_1\sigma^+$ 对光的吸收情况。

(2) 圆偏振光对铷原子的激发与光抽运效应

一定频率的光可引起原子能级之间的跃迁。气态^{87}Rb 原子对 $D_1\delta^+$ 左旋圆偏振光的吸收遵守光跃迁选择定则 $\Delta F=0$、±1，$\Delta M_F=+1$。^{87}Rb 的 $5^2S_{1/2}$ 态及 $5^2P_{1/2}$ 态的磁量子数 M_F 最大值都是$+2$，当入射光是 $D_1\delta^+$ 时，只能产生 $\Delta M_F=+1$ 的跃迁，基态 $M_F=+2$ 子能级的

粒子不能跃迁，即其跃迁概率是零。由于 $D_1\delta^+$ 的激发而跃迁到激发态 $5^2P_{1/2}$ 的粒子可以通过自发辐射退激回到基态(见图 3)。

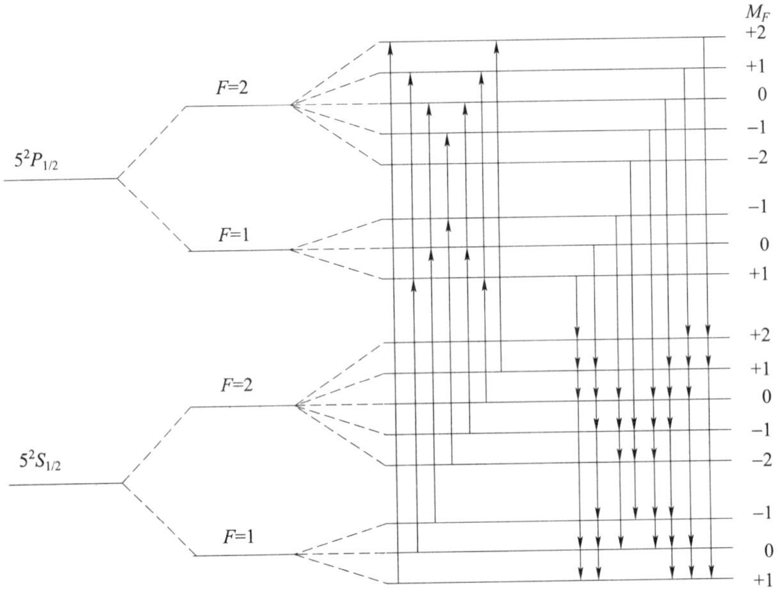

图 3 ^{87}Rb 原子对 $D_1\sigma^+$ 光的吸收和退激跃迁

当原子经历无辐射跃迁过程从 $5^2P_{1/2}$ 回到 $5^2S_{1/2}$ 时，则原子返回基态各子能级的概率相等，这样经过若干循环之后，基态 $M_F=+2$ 子能级上的原子数就会大大增加，即大量原子被“抽运”到基态的 $M_F=+2$ 的子能级上，出现了“粒子数反转”的现象(偏极化)。这就是光抽运效应。有了“粒子数反转”的现象就可以在子能级之间得到较强的磁共振信号。

(3) 弛豫过程

在热平衡条件下，任意两个能级 E_1 和 E_2 上的粒子数之比都服从玻耳兹曼分布 $N_2/N_1=e^{-\Delta E/K_1}$。式中，$\Delta E=E_2-E_1$ 是两个能级之差，N_1、N_2 分别是两个能级 E_1、E_2 上的原子数目，k 是玻耳兹曼常数。由于能量差极小，近似地可以认为各子能级上的粒子数是相等的。光抽运造成大的粒子差数，使系统处于非热平衡分布状态。

系统由非热平衡分布状态趋向于平衡分布状态的过程称为弛豫过程。实验中主要有以下几个过程促使系统趋向平衡：1)铷原子与容器壁的碰撞以及铷原子之间的碰撞都导致铷原子恢复到热平衡分布，失去光抽运所造成的偏极化。2)铷原子与磁矩很小的原子碰撞，碰撞对铷原子磁能态扰动极小，不影响原子分布的偏极化。在光抽运最佳温度下，铷蒸气的原子密度约为 10^{11} 个/cm^2，当样品泡直径为 5 cm 时容器壁的原子面密度约为 10^{15} 个/cm^2，因此铷原子与器壁碰撞是失去偏极化的主要原因。在样品泡中充进 10 torr(1 torr = 1 mmHg)左右的缓冲气体可大大减少这种碰撞，因为此压强下缓冲气体的密度约为 10^{17} 个/cm^2，比铷蒸气原子密度高 6 个数量级，这样大大减少了铷原子与器壁碰撞的机会，保持了原子高度的偏极化。

(4) 塞曼子能级之间的磁共振

在偏极化后，如果在垂直于产生塞曼分裂的磁场 B 的方向加一频率为 ν 的射频磁场，且

调整射频频率 ν，使之满足磁共振条件：

$$h\nu = g_F \mu_B B \tag{9}$$

这时在塞曼子能级之间产生感应跃迁，称为磁共振。在射频场的扰动下，处于$M_F=+2$子能级上的原子会跃迁到 $M_F=+1$，放出一个频率为 ν、方向和偏振态与入射光子完全一样的光子，这样，$M_F=+2$ 上的原子数就会减少；同样，$M_F=+1$ 子能级上的原子也会通过"射频受激辐射"跃迁到 $M_F=0$ 的子能级上。如此下去，磁共振破坏了原子分布的偏极化，而同时，原子又继续吸收入射的 $D_1\delta^+$ 光而进行新的抽运，透过样品泡的光就变弱了。随着抽运过程的进行，粒子又从 $M_F=-2$、-1、0、$+1$ 各能级被抽运到 $M_F=+2$ 的子能级上。随着粒子数的偏极化，透射再次变强。磁共振跃迁速度比光跃迁速率小几个数量级，因此光抽运与磁共振的过程可以连续地进行下去。

由式(9)可知，若要观察到铷原子对 $D_1\sigma^+$ 光的周期性吸收的现象，则实验中须固定射频(场)频率 ν，采用周期性外磁场(产生塞曼分裂的)B，这一方法称为扫场法。

(5) 光磁共振的观察

"扫场法"一般采用的周期性信号为方波信号和三角波信号。方波信号用于观察"光抽运"过程，三角波信号用于测量有关参数。在加入了周期性的"扫描场"以后，总磁场为：

$$B_{\text{total}} = B_{\text{DC}} + B_{\text{S}} + B_{e//}$$

式中：B_{DC}为直流线圈所产生的磁场，方向为水平方向；$B_{e//}$ 为地球磁场的水平分量，这两部分在实验中不变；B_{S}为周期性的扫描场，也是水平方向的。地球磁场的垂直分量被一对线圈的磁场所抵消。

1) 用方波观察"光抽运"

将直流磁场 B_{DC}调到零，在扫场线圈加上方波信号，其波形如图 4 所示。

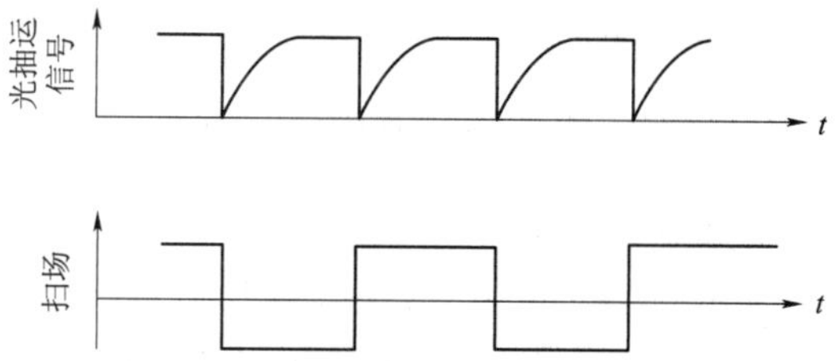

图 4 "光抽运"的形成和波形

铷样品泡加上方波信号的瞬间，铷原子 5S 态的 8 个子能级上的粒子数接近热平衡，即各子能级上的粒子数大致相等。因此，这时有 7/8 的粒子能吸收 $D_1\delta^+$ 光，对光的吸收最强，探测器上接受的光信号最弱。随着粒子逐渐被抽运到 $M_F=+2$ 子能级上，能吸收 $D_1\sigma^+$ 光的粒子数减少，透过铷样品泡的光逐渐增强。当抽运到 $M_F=+2$ 子能级上的粒子数达到饱和时，透过铷样品泡的光达到最大且不再变化。当"扫场"过零并反向时，各塞曼子能级简并随即再分裂。能级简并时铷的 $M_F=+2$ 原子由于碰撞等过程而导致自旋方向混杂，失去偏极化，因此再分裂后各塞曼子能级上的粒子数又近似相等，对 $D_1\delta^+$ 光的吸收又达到最大值，这样就观察到了光抽运信号(见图 4)。

2) 三角波观察光磁共振

扫场方式选择"三角波"，调节水平场电流的大小，并使水平磁场方向与地磁场水平分量和扫场方向相同(由指南针判断)。调节射频信号发生器,使之满足共振条件,可以观察到共振信号,如图 5 所示。当产生共振时,铷原子分布的偏极化被破坏,产生新的光抽运。本实验要求选择适当频率和场强,观察铷原子^{87}Rb、^{85}Rb 两种同位素的共振信号。

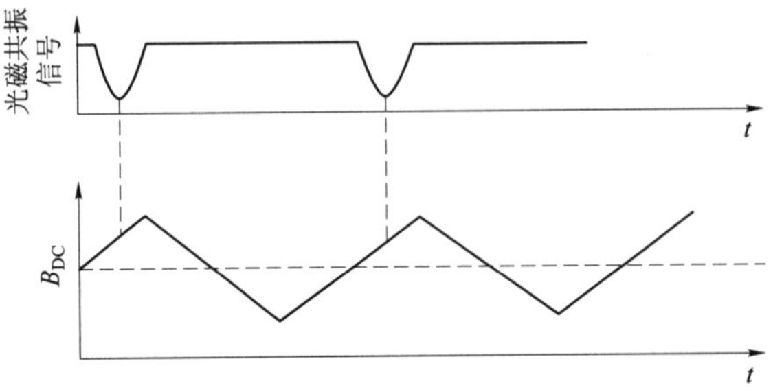

图 5　光磁共振的信号图像 Ⅰ

(6) 测量 g_F 因子

固定某个射频信号的频率 ν_1,调出光磁共振信号,再调节 B_{DC}和"扫场"信号,使共振信号的谷点对应"扫场"信号的峰点或谷点,如图 6 所示。

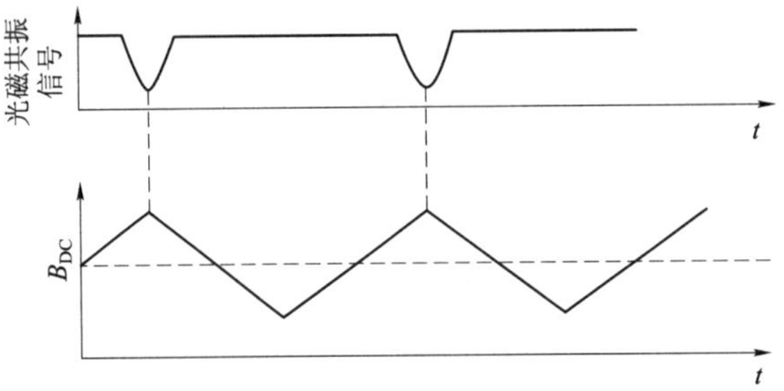

图 6　光磁共振的信号图像 Ⅱ

当光磁共振发生时,满足共振条件:

$$h\nu_1 = g_F\mu_B(B_{DC}+B_S+B_{e//}) \tag{10}$$

将直流磁场的方向反向,调节射频信号的频率,再次观察到共振信号,并调到如图 7 所示的状态,记下射频的信号频率 ν_2,此时满足共振条件:

$$-h\nu_2 = g_F\mu_B(-B_{DC}+B_S+B_{e//}) \tag{11}$$

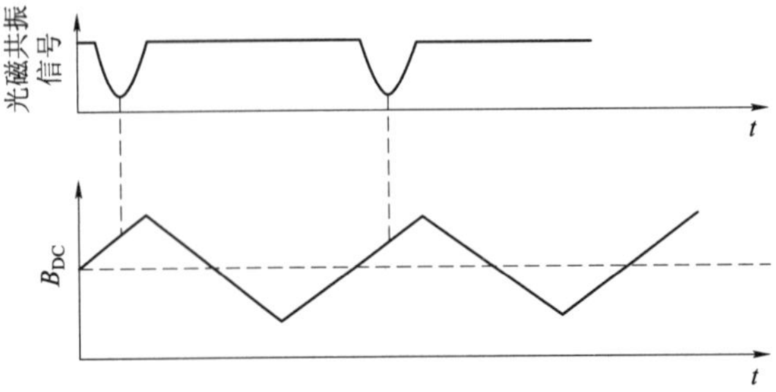

图 7　光磁共振信号图像 Ⅲ

由式(10)、式(11)得：

$$g_F=\frac{h(\nu_1+\nu_2)}{2\mu_B B_{DC}} \tag{12}$$

亥姆霍兹线圈轴线中心处的磁场强度 B_{DC} 为：

$$B_{DC}=\frac{16\pi NI}{5^{3/2}r}\times 10^{-7} \tag{13}$$

式中：N 为线圈匝数；r 为线圈有效半径，m；I 为直流电流，A；普朗克常数 $h=6.626\times 10^{-34}$ J·s；玻尔磁子 $\mu_B=9.274\times 10^{-24}$ J/T。利用式(12)和式(13)可以测出 g_F 值。

［实验仪器］

主体单元(铷光谱灯、准直透镜、吸收池、聚光镜、光电探测器及亥姆霍兹线圈)、电源、辅助源、射频信号发生器、示波器。实验装置图如图 8 所示。

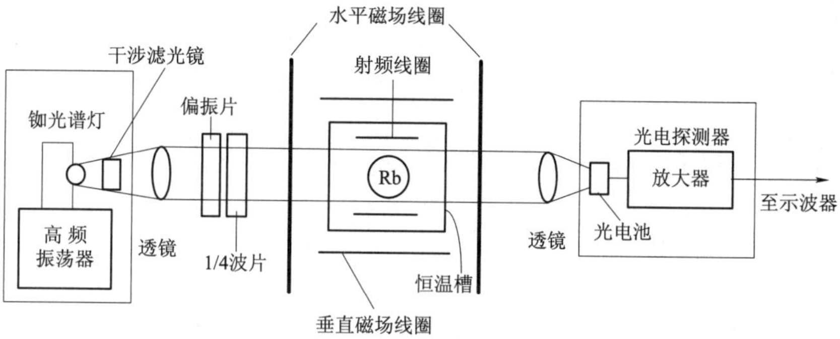

图 8　主体单元示意图

［实验步骤］

(1) 仪器调节

1) 根据图 8 将主体单元各部件安装在滑轨上，并将它们的中心调到同一轴线上，且主体装置的光轴要与地磁场水平方向相平行。

2) 连接好线路。

3) 将“垂直场”、“水平场”、“扫场幅度”旋钮调至最小，按下辅助源的池温开关，加热样品泡，使其温度控制在 40～60 ℃。

4) 加热铷灯，温度达 90 ℃左右开始控温。即铷光谱灯点燃并发出紫红色光，池温灯亮，吸收池正常工作，实验装置进入工作状态。

5) 调节偏振片及 1/4 波片，使 1/4 波片的光轴与偏振光偏振方向的夹角为 $\pi/4$ 以获得圆偏振光。

(2) 观测光抽运信号及测量地磁场

1) 在扫场线圈加上方波，调节其幅度，使光抽运信号加强。

2) 加扫场磁场方向与地磁场方向相反，旋转偏振片的角度、调节扫场磁场幅度及垂直场大小和方向，使光抽运信号进一步加强，当光抽运信号最大时，地磁场的垂直分量被所加垂直场 $B_{0\perp}$ 抵消。

3) 加水平磁场分别与地磁场水平方向相同与相反，当光抽运信号最大时，得两水平磁场强度 $B_{0/\!/}$、$B_{0/\!/}'$，将两值相减除以 2，即得地磁场的水平分量 $B_{/\!/}$。

(3) 测定 g_F 因子——扫场法

1）将扫场信号调为三角波。

2）调节水平场，使其方向与地磁场水平分量及扫场方向相同。加射频场 B，再调节水平场电流，使示波器上出现共振信号（如图 6 所示的信号），记下此时的电流值 I_1 及频率 ν_1。

3）改变水平场方向，使之与地磁场水平分量和扫场方向相反，调节电流，使示波器上出现如 7 所示的共振波形，记下此时的电流值 I_2 及频率 ν_2，这样水平磁场所对应的频率为 $\nu=(\nu_1+\nu_2)/2$。

4）改变水平场的频率，重复 β 2）、3）的步骤，测得多组电流值。

5）由公式（13）计算出 $B_{/\!/}$ 与 $B_{\perp}$，再由公式（12）计算 g_F 因子。

［思考题］

1. 实验中水平扫场的作用是什么？

2. 画出 ^{85}Rb 的能级超精细分裂图。

实验十　扫描探针显微镜

[实验目的]

1. 掌握扫描探针显微镜的使用。
2. 了解扫描探针显微镜系统的结构及工作原理。
3. 理解压电陶瓷的非线性效应的校正方法。

[实验内容]

1. 利用扫描探针显微镜扫描标准光栅得到图像,并对图像进行分析、校正。
2. 由非线性曲线将扭曲的图像还原,获得样品的真实图像。

[实验原理]

(1) 压电陶瓷的非线性效应校正

压电陶瓷管扫描器的非线性特征是造成扫描探针显微镜扫描图像畸变的主要原因,因此必须对压电陶瓷管扫描器进行非线性校正。压电陶瓷管扫描器的非线性不仅与压电陶瓷材料(通常选用钛酸锆酸铅 PZT)本身的回滞、蠕变等非线性因素有关,还与器件的整体结构特点有关。本实验中主要是针对扫描器进行压电陶瓷管 X 向和 Y 向的校正,其结构如图 1 所示。

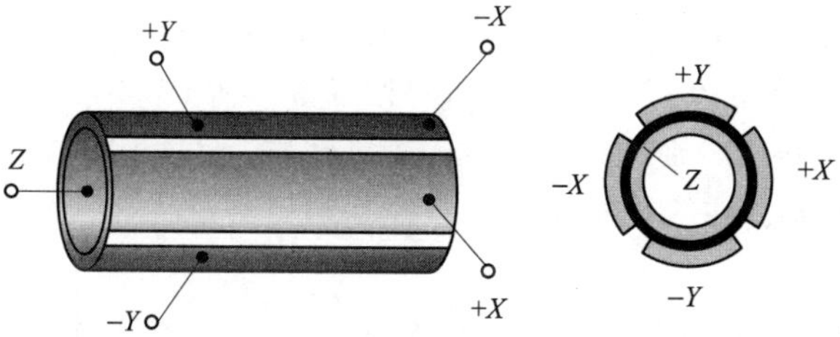

图 1　压电陶瓷管结构

实验中用扫描探针显微镜扫描样品时,只能对所加电压进行控制,从而导致测得的原始图像的 X 坐标与 Y 坐标均为按电压均分的坐标,由非线性效应可知,所测得的图像并非样品的原貌。这就要求对所测得的图像进行校正,还原它的真实图像,即对压电陶瓷的非线性效应进行校正。

实验中,在 PZT 的 X、Y 方向各加一直流偏压,PZT 带动针尖到样品表面的相应区域,再在 PZT 的 X、Y 方向加扫描电压,针尖在样品表面进行扫描。扫描过程中压电陶瓷管的伸缩量与扫描电压频率、电压加载时间和环境温度的关系,有:

$$\Delta l = uk_1 + u^2 k_2 + uk_3 e^{-a/u} \tag{1}$$

式中:Δl 为压电陶瓷管的伸缩量;u 为扫描电压;k_1、k_2、k_3 分别为管长、管壁厚逆压电效应(由电介质的剩余极化电荷引起)、电致伸缩效应(由电介质极化引起)和铁电效应(由非电畴转向与转向不完全可逆引起)的压电系数。压电系数 k:

$$k = A[\theta(0) + cT^n]u + \rho \ln t \tag{2}$$

式中:A 为常数;T 为温度;t 为时间;$\rho \propto T^b$(b 是一个常数,与电压的大小和频率有关),c、n

为与压电陶瓷管材料和结构有关的常数；$\theta(0)$为温度为零时的值，其余温度无关，但和电压(大小和频率)有关。

由式(1)和式(2)可知，压电陶瓷管的非线性主要与扫描的范围(扫描范围小，所加扫描电压就小)、扫描电压的频率、电压加载的时间和温度变化等因素有关。扫描范围越大，非线性效应就越显著。扫描范围为10 nm时，非线性误差为0.5%，而扫描范围为1 μm时，非线性误差为30%。扫描频率的变化会导致b和$\theta(0)$的变化，从而引起压电系数k的变化。因此，扫描频率的变化对非线性效应的影响相当严重。实验中对样品进行扫描时，加在压电陶瓷管两端的电压是由反馈电压提供，一般电压加载时间较快，因此加载时间变化导致的非线性效应不明显。压电陶瓷具有热释电效应，其对缓变温度敏感，因此温度的缓慢变化会使Δl与u的函数关系偏离线性。瞬变温度会引起压电元件热释效应、扫描器内部温度梯度，造成各部件结构的不均匀热应变，因此瞬变温度会使Δl与u的函数曲线出现突变点。

为了得到样品表面的真实形貌，须根据压电陶瓷的非线性对扫描的图像进行校正。校正方法可分两步进行，第一步：对X轴进行定标，即找到每次扫描的标示范围与所对应的真实值之间的关系，再通过计算机软件让X轴的扫描范围显示为它的实际扫描范围，即让显示的扫描范围与实际的扫描宽度相符。第二步：使图像的每个采样点按照真实距离分布于坐标轴，这相当于将原始图像的左边进行压缩而对右边进行扩充，从而使图像得到还原。

(2) CSPM5500扫描探针显微镜系统

本原CSPM5500系列扫描探针显微镜采用单一的扫描隧道/原子力探头，集成了扫描隧道、原子力、摩擦力、导电原子力、磁力和静电力、扫描声学、压电力功能，工作模式包括接触、轻敲、抬起和相移成像等方式。CSPM系列扫描探针显微镜采用探针固定、样品在探针下做往返运动的扫描方式。通过使用在线控制软件SPM Console和图像后处理软件Imager 4.60来完成实验。在线控制软件实时控制扫描的过程，所得的数据在后处理软件中进行处理和输出。

CSPM5500扫描探针显微镜系统由3部分组成：SPM(SPM探头、SPM底座、扫描器、探针架和探针)、控制机箱、计算机控制系统。如图2所示。

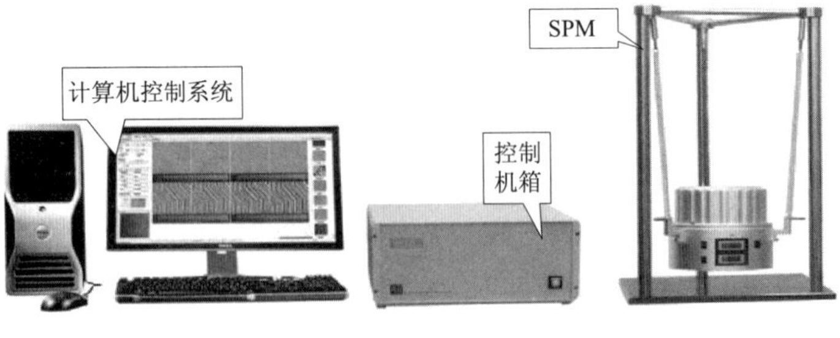

图2 CSPM5500扫描探针显微镜系统

1) 计算机控制系统

计算机控制系统包括：计算机工作站、计算机接口及计算机软件系统。计算机工作站是一个标准的微机系统；计算机通过快速以太网(Fast Ethernet)接口，与控制机箱连接起来，用户通过鼠标和键盘，在SPM Console在线控制软件中，实现对仪器的控制，扫描结果实时的在计算机显示器上输出。

2）控制机箱

CSPM5500 控制机箱是 SPM 系统的主要电子控制系统。面板有一个液晶显示屏，用于监控系统状态；后面板预留多通道模拟和数字信号输入/输出接口。

3）SPM

探头主要由激光器、稳定弹簧挂杆、激光器位置水平调节旋钮、探头位置水平调节旋钮、激光器位置垂直调节旋钮、探针架安装滑槽、探头位置垂直调节旋钮、光斑位置探测器位置垂直调节旋钮、光斑位置探测器位置水平调节旋钮、光斑位置探测器组成。如图 3 所示。

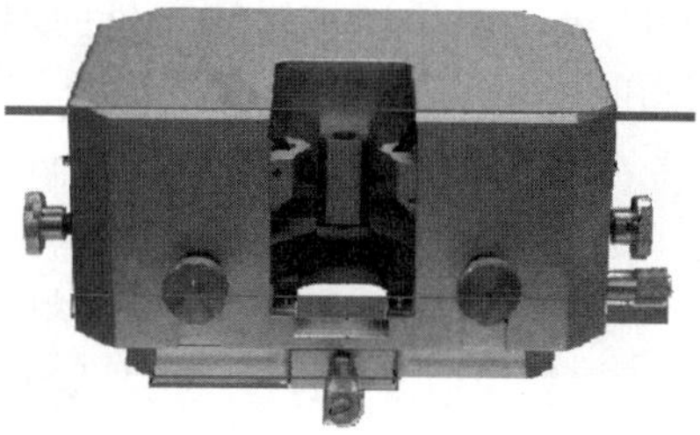

图 3　SPM 探头

扫描器决定了扫描的最大范围和分辨率。越长的扫描器可以提供越大的扫描范围。一般来说，扫描范围越小的扫描器由于受音频段的噪音影响更小，可以获得更高的扫描分辨率；大扫描器提供更大的扫描范围，但扫描的分辨率会受到限制，扫描器的最佳扫描范围约为大于或等于扫描器最大扫描范围的 1/10。扫描器的核心部分是压电陶瓷管，根据所加的电压，可以在 X、Y、Z 3 个方向上独立的伸长或缩短。由于每一个压电陶瓷管的物理特性都不同，所以每一个扫描器都有特定的伸缩系数和畸变校正参数。

探针须根据待测样品和不同的工作模式进行选择。工作模式主要有接触模式、轻敲模式、磁力显微镜、静电力显微镜、纳米加工模式。接触模式原则上所有的微悬臂探针都可以使用。由于接触模式的成像原理是使悬臂受力偏转来进行成像的，所以对于弹性系数（力常数）不同的探针，要达到同样的偏转量，对样品施加的力的大小也不同。对于较硬的样品，力的大小可能不会对扫描结果造成很大的影响，但是对于较软的或表面不稳定的样品，施加的力可能会造成样品表面的损坏。轻敲模式是使用振动的探针进行扫描，原则上越大的悬臂振动频率可以获得更好的扫描结果。因此轻敲模式中选择弹性系数较大，悬臂长度较短的探针进行扫描。磁力显微镜应选择表面有磁性物质覆盖的微悬臂探针。当磁性针尖在磁场中扫描时，磁场引起悬臂振动的振幅或相位发生变化，从而可以获得反映样品表面磁性性质的扫描结果。静电力显微镜选择表面有导电覆盖层的微悬臂探针。纳米加工模式须选择表面有导电覆盖层的微悬臂探针进行扫描。导电原子力显微镜须使用导电探针进行扫描。

[实验仪器]

CSPM5500 扫描探针显微镜系统（SPM、计算机控制系统、控制机箱）、打印机、DVD 光盘样品；实验装置图如图 4 所示。

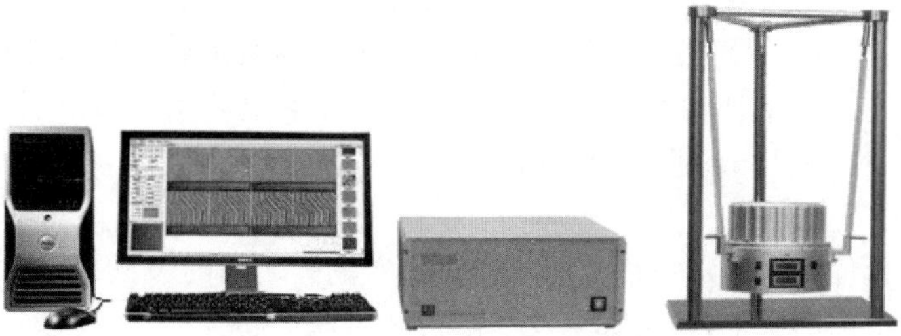

图 4　扫描探针显微镜系统实验装置图

[实验步骤]

(1)系统连接与安装

1) 将网线一端的 RJ45 插头插入 CSPM5500 扫描探针显微镜控制机箱后面的网络插口中，另一端插入控制计算机的网络接口中；将探头连接线的一端(DB37M 插头)插入 CSPM5500 扫描探针显微镜控制机箱后面的探头插口(SPM)中，另一端(DB37F 插头)插入 SPM 底座后方的接口中；CSPM5500 扫描探针显微镜控制机箱接上 220 V 交流电源。

2) 安装 SPM Console 在线控制系统软件。

3) 安装扫描器和探针：选择适当的扫描器，将扫描器装入 SPM 底座中央的扫描器承座中，轻轻左右旋转扫描器，使扫描器承座前边的定位钢珠对上扫描器的定位孔，拧紧扫描器两边的手紧螺栓，并将扫描器连线插头插入 SPM 底座的扫描器连接口中。把 AFM 探针架正面向上放置，用一手的拇指和食指小心捏住微悬臂探针压紧弹片两边，轻轻往上提起，使其与探针支架的定位块分离，另一手用镊子夹住微悬臂探针的玻璃基片两侧，小心放在探针支架的定位块上，小心放开压紧弹片，即将微悬臂夹在探针支架上。探针安装的位置以玻璃体突出 1～2 mm 为佳。

4) 系统的初始化网络连接。

5) 调整激光光路：单击“激光”键，打开激光器电源；调整激光器位置垂直和水平调节旋钮，使激光束聚焦照射在悬臂背面前端，即针尖的背面。使光斑处于“十字架”中央的小圆圈中央，信号表 Up-Down 和 Left-Right 读数接近于 0，SUM 读数为极大值(接近但可能不等于最大值)。

(2) 参数设置

1) 扫描器伸缩系数设置：根据仪器所附上的扫描器参数，在参数设置栏中选择所需要的扫描器编号，相应的输入 Z、X 快扫、Y 快扫、X 慢扫和 Y 慢扫伸缩系数，系统自动计算出此扫描器的最大扫描范围。(注意：扫描器的最大扫描范围由 X、Y 在快扫和慢扫方向的 4 个伸缩系数中的最小的决定：最大扫描范围＝(最小伸缩系数)× 360 V，单位为 nm)

2) 扫描器畸变校正系数设置：点击“系统菜单—畸变校正”打开畸变校正对话框，根据仪器所附上的扫描器畸变校正系数，选择所需要的扫描器编号，将扫描器畸变校正系数加载“当前扫描器的畸变校正值”，点击“更新”即可。(注意：在加载扫描器畸变校正系数时，须与已输入的扫描器伸缩系数对应)

(3) 对标准样品采用同一扫描范围进行多次扫描(注意：不同的扫描范围对应有它的最佳速度，可从厂家提供的数据得到)。选取扫描效果比较好的图像进行下一步数据分析。

(4) 改变扫描范围，重复上一步骤。(注意：为了能尽可能准确地得到实际扫描距离与扫描范围之间的关系，应尽可能多的测量不同的范围。本实验校正的仪器的最大扫描范围是 53 986 nm，而范围比较小时扫描范围的误差就主要取决于条纹数所引入的误差。因此可选择从 3 000 ～50 000 nm 测量出多组数据)

(5) 确定扫描范围

通过计算机软件确定标定扫描范围与扫描真实范围之间的关系式，通过程序完成对 X 坐标轴任一测量范围的修正，使之如实反映出扫描的真实范围。

(6) 校正坐标值

利用已知的压电陶瓷特性曲线，完成对图像条纹的分布校正。即找出每个采样点所对应的真实坐标值，用每一点的真实坐标来替代它的原始坐标就能完成图像的校正。

(7) 数据分析与处理

对于 DVD 光盘样品可以近似将其视为标准光栅。对于一定的扫描范围和扫描时间，在关闭了仪器原有的非线性功能后对它进行测量，得到原始图像(见图 5)，它是由 Samples×Lines 个点组成的。原始图像存在左宽右窄的现象，这是由于压电陶瓷在 X 方向的非线性效应引起的。

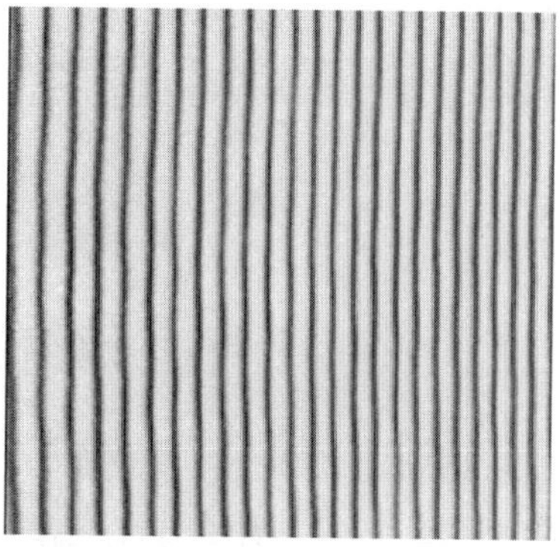

图 5　20 000 nm 扫描的原始图像

由于电压在原始图像的 X 方向与 Y 方向上都是均匀的，所以可以通过测得一定电压所对应的真实长度来作出压电陶瓷的非线性曲线。而 DVD 光盘样品类似标准光栅的性质为实验提供了标定真实长度的可能，因此可得到非线性曲线。

为了准确地得到一定的真实长度所对应的电压值，需要知道真实长度在图像中所对应的坐标值和准确判断光盘的一个周期的边界是出现在哪个点上。而这些在原始图像上无法得到，所以我们必须先对原始图像进行处理。

1) 对原始图像数据进行斜面校正和高度统计。高度统计就是对图像上的每一个点的高度值进行统计。由图 5 的图像可得到其高度统计曲线(见图 6)。曲线大致会出现两个峰值，即图中的 A 和 B，它们分别对应着高度出现的两个极值，在光盘样品上反映的为光盘顶部与底部的高度，也就是样品中出现几率比较大的高度值(见图 7)。由于高度统计的噪声会影响对高度统计曲线极值的判断，因此须对高度曲线进行滤波处理。由于图像边缘的一部分点无法对它进行滤波，所以在滤波前，必须先对高度统计曲线进行数据扩充，将两个端点附近的数据以两端点为对称点进行反演，直至图像符合滤波要求为止。(注意：这里的滤波是指对高度曲线而言的，并不是对原始图像数据进行滤波)经过滤波后的图像如图 8 所示。

在扫描时，样品是放在 X 方向和 Y 方向分别加电压的一柱形的压电陶瓷上，从而使样品在两个方向上产生微小的位移(见图 9)，同时压电陶瓷会产生一定的弯曲。对于这种情况，可采用斜面校正的办法。即用高度曲线减去一个二次函数就可以得到斜面校正后的高度曲线图像(见图 7)。

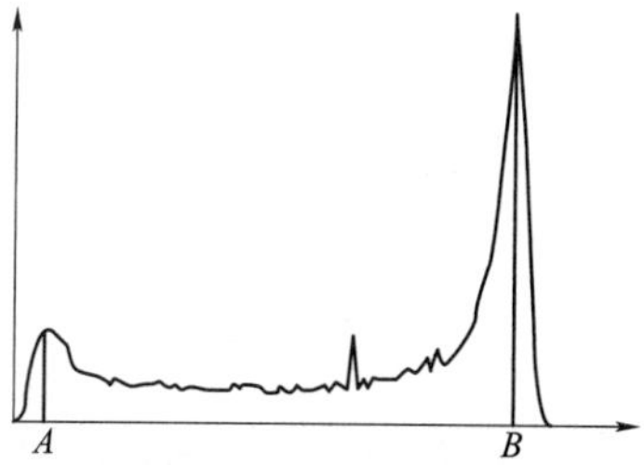

图 6　高度统计曲线
(X 轴为高度值，Y 轴为统计点的个数)

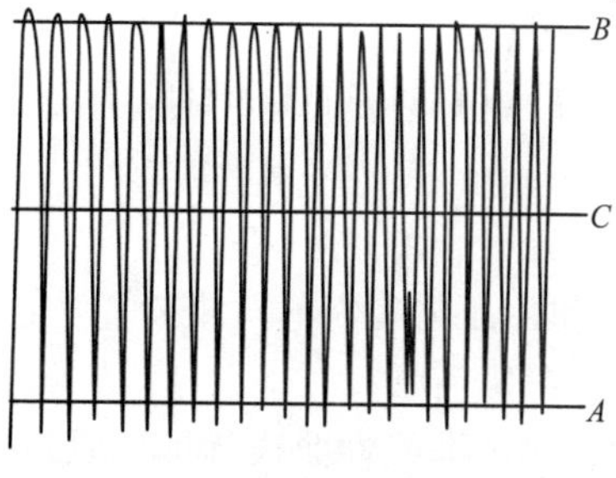

图 7　光栅局部形貌
(X 轴为扫描方向，Y 轴为光栅高度)

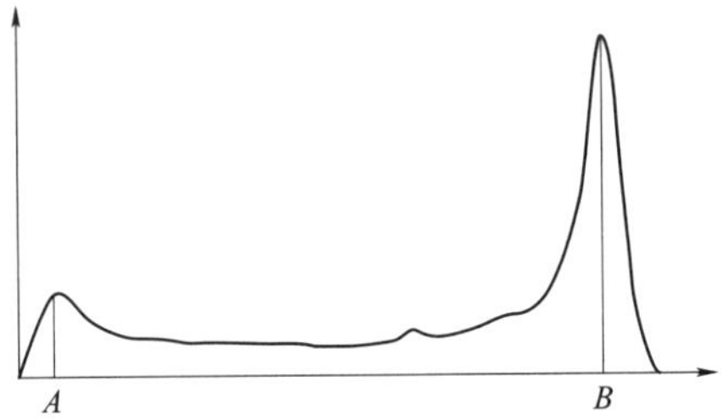

图 8　滤波后的高度统计曲线

（X 轴为高度值，Y 轴为统计点的个数）

图 9　光栅整体形貌

（X 轴为扫描方向，Y 轴为光栅高度）

进行斜面校正和高度统计滤波处理后，先找到两个极值所对应的高度值 A 与 B，取其中间值 $C=(A+B)/2$，C 在图 7 中对应 C 点的高度，然后将原始图像中高度值高于 C 点的值均设为最高值，而高度值低于 C 点的值均设为最低值，即对原始图像进行二值化处理，这样原始图像就变为黑白交替的图像了（见图 10）。

2）找到对应真实距离所在的点，如图 11 中的 A、B、C、D、E…。选择图中产生阶跃的点代表真实距离，因此相邻两个点之间的距离为一个光盘常数。

图 10　二值化图像

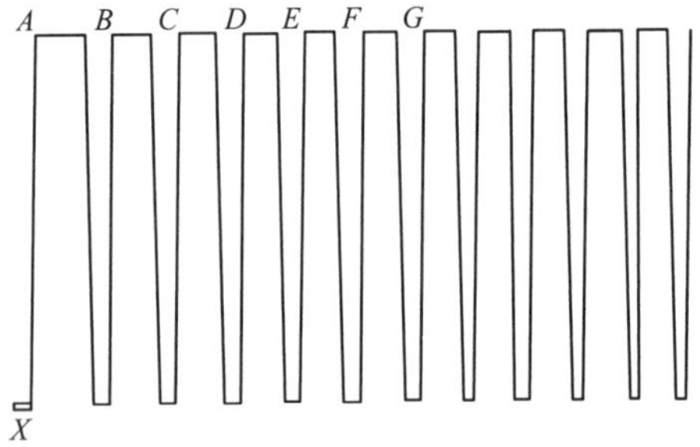

图 11　二值化后的图像

3）作出压电陶瓷不同伸长量对应的非线性曲线。

（8）图像还原

由得到的非线性曲线就可对原始图像进行还原，得到其真实的图像。对于一定的扫描距离 X，经过处理后的图像的 X 轴、Y 轴按照真实距离均分。如先将 X 方向非线性曲线转化为扫描点编号的形式，然后将 X 均分为 Samples 份，对于第 n 份，在非线性曲线上找到纵

坐标为 $n\times X/\mathrm{Samples}$ 的点所对应的横坐标，再找到最接近这个横坐标的整数坐标，用原始图像中对应的整数坐标值来代替还原图像中第 n 份的值。对于每一行我们都采取这种计算，这相当于将原始图像的左边进行压缩而对它的右边进行扩充，这样就实现了对原始图像的非线性修正。图 5 还原后的图像如图 12 所示。

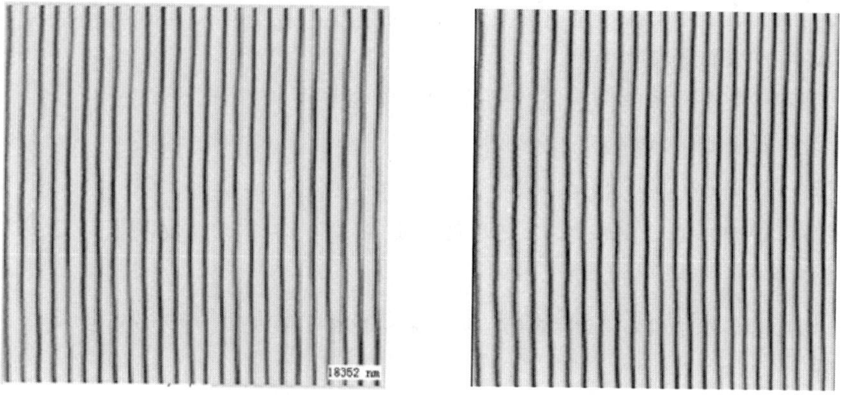

图 12　还原图像(左)与原图像(2 000 nm 扫描图像)对比

[思考题]

1．怎样校正压电陶瓷的非线性曲线？

2．扫描得到的图像如何将其还原成样品的真实图像？

实验十一　高温超导

[实验目的]

1. 了解超导体的最基本特性。

2. 掌握用测量超导体电阻—温度关系测定转变温度的方法。

3. 熟练掌握仪器的调试方法。

[实验内容]

1. 利用 DNWH—288B 型高 T_c 超导体电阻—温度特性测量仪测量高 T_c 超导材料的电阻—温度特性。

2. 利用测量的高 T_c 超导材料的电阻—温度特性曲线处理得到转变温度。

[实验原理]

通常把材料在一定温度下电阻变为零的现象称为超导现象，具有超导现象的材料称为超导体，超导体电阻变为零的温度称为临界温度（T_c）。高温超导是指具有较高临界温度的物质在液氮环境下产生的超导现象。超导体的基本特性是零电阻现象和完全抗磁性。

(1) 零电阻现象

当超导体的温度降到某一温度 T_c 以下时，电阻为零的现象称为零电阻现象。超导体在温度高于临界温度时具有固定的电阻值，此状态称为正常态，若温度低于临界温度时电阻为零，此状态称为超导态。超导体由正常态向超导态的转变是在一个不很窄的温度范围 ΔT（ΔT 为起始转变温度 $T_{c,onset}$ 与零电阻温度 T_{c0} 之差）内完成的，超导转变曲线中点的温度 T_{cm} 就是通常说的超导体的临界温度 T_c，如图 1 所示。本实验是采用四端测量法测量超导样品电阻随温度变化的关系曲线，从而求得该超导体的临界温度值。

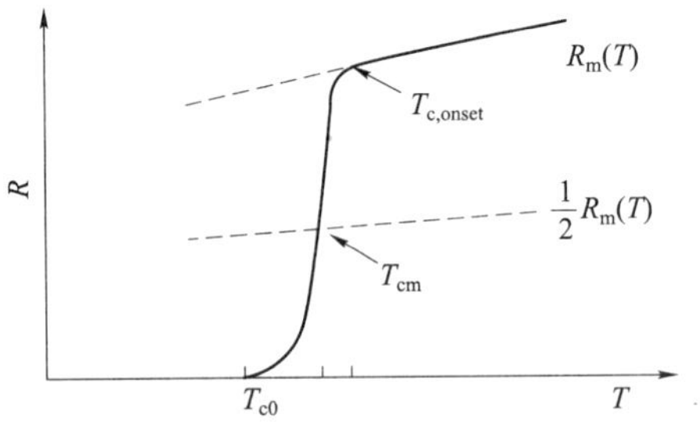

图 1　超导体电阻转变曲线

(2) 完全抗磁性

根据电磁学定律，导体内部的磁力线不会因导体的电阻而改变；当导体的电阻降为零时，这种“理想导体”内部的磁力线不应改变，仍然存在于其内（见图 2）。迈斯纳效应指出无论是在有或没有外加磁场的情况下，使超导样品从正常态转变为超导态，只要 $T<T_c$，在超导体内部的磁感应强度 B 总是等于零的（见图 3），这表明超导体具有完全抗磁性。

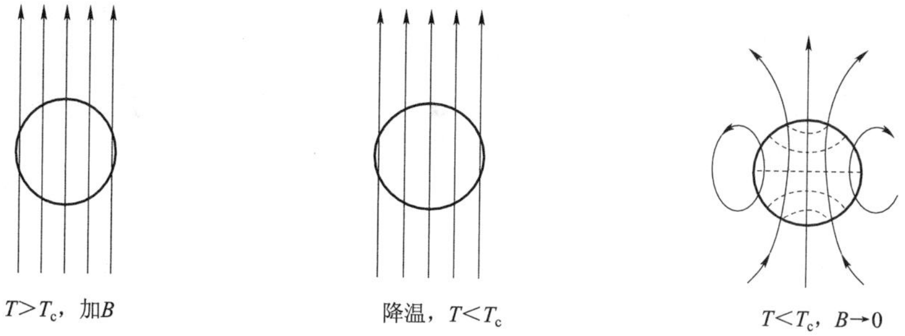

图 2 理想超导体

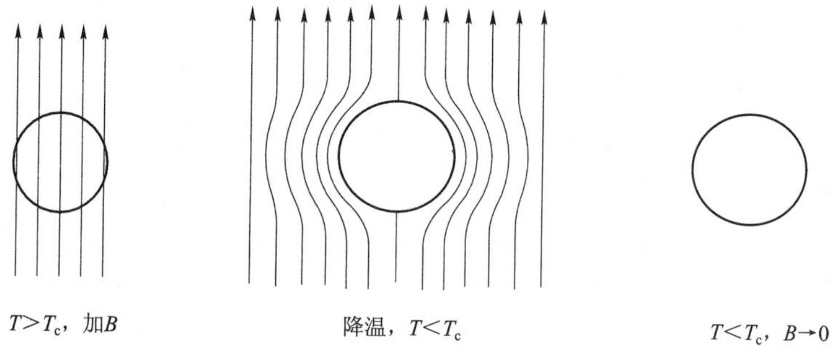

图 3 超导体的迈斯纳效应

(3) 电阻温度特性

不同材料的电阻随温度的变化关系不同，对于纯金属的电阻是由晶格热振动和杂质或晶格缺陷引起的电阻决定的。其中，由晶格热振动引起的电阻随温度的变化而变化，由杂质或晶格缺陷引起的电阻与温度无关。

本实验中是采用铂温度传感器来测量温度的。在液氮与室温这一温度范围内，铂的电阻与温度具有较好的线性关系，即：

$$R(T)=AT+B$$

式中：A、B 为常数。因此实验中可根据铂电阻温度传感器得到任一电阻对应的温度。

(4) 四端法测量电阻

四端法测量电阻是国际上通用的低值电阻标准测量方法，基本原理是：恒流源通过两根电流引线将测量电流 I 提供给待测样品，数字电压表是通过两根电压引线测量电流 I 在样品上所形成的电势差 U。由于两根电压引线与样品的接点处在两根电流引线的接点之间，因此排除了电流引线与样品之间的接触电阻对测量的影响；又由于数字电压表的输入阻抗很高，电压引线的电阻及其与样品之间的接触电阻对测量的影响可以忽略不计。其原理图如图 4 所示。根据标准电阻 R_n 及其电压，样品上的电压 U，可得到样品的电阻 R：

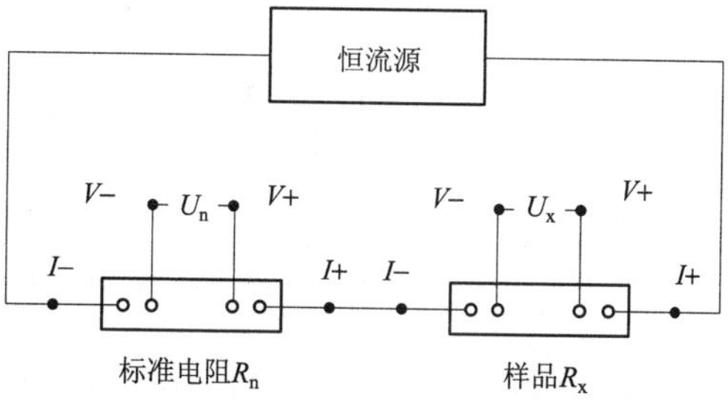

图 4 四端法测量电阻

$$R=\frac{U}{U_n}R_n$$

[实验仪器]

DNWH—288B 型高 T_c 超导体电阻/温度特性测量仪、液氮、计算机;实验装置简图如图 5 所示。

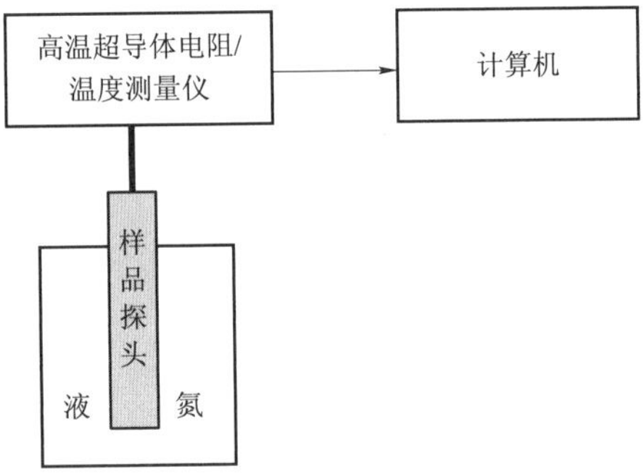

图 5 实验装置简图

[实验步骤]

(1) 连接线路。

(2) 开启测量仪器电源和电脑电源,待系统启动完成后,用鼠标点击电脑屏幕上的"NDWH—288B"图标,进入工作程序。调节加热控制电位器,给探头加热 10 min 左右。

(3) 将电流调节和加热控制电位器逆时针旋到底。

(4) 仪器调试

1) 打开 HTC 高温超导软件,点击开始采集的图标开始采集,看是否有数据传输,如无数据,检查仪器是否正常,检查串口连接线是否正常。

2) 点击"校正"→"自动校正"→"开始采集"。校正电压:观察各个采样值,调节电流电位器旋钮,使电流采样值为±3 270 左右,此时观察正向电压和反向电压,若电压采样值的绝对值超过 10 000,则调节仪器电压失调电位器 R67 和 R69 直至采样值不超过±10 000。在正向电压实际值输入 100,点击数据确认,反向电压实际值输入−100,点击数据确认。

校正电流:在仪器运行指示灯亮起后,按住"复位"按钮,在电流校正第一数据实际值输入 100,点击"数据确认",放开按钮,在指示灯熄灭时按住"复位"按钮,在第二数据实际值输入−100,点击"数据确认",放开按钮,点击"校正"。

温度校正:记下此时"温度校正"位置的温度采样值和当前室温。点击"手动校正",在温度第一数据位置输入记下的温度采样值和实际值,在第二数据位置输入采样值−16 000,实际值 77,确认数据并校正。

3) 点击"开始采集",将一体化探头缓慢伸入液氮中,使探头温度缓慢下降,观察软件描点是否平稳,正常。待探头完全浸入液氮中,温度稳定后,点击"校正"→"自动校正"→"开始采集",记下当前采样值。点击"手动校正",在温度第一数据位置输入温度在室温时的采样值和实际值,在第二数据采样值位置输入超导后的采样值,在第二数据实际值位置输入 77,确认数据并校正。校正结束。

4) 点击"开始采集",将一体化探头从液氮中取出,在室温下逐渐升温,观察软件的升温描点是否正常,且慢慢顺时针旋转温度电位器,观察加热指示灯是否出现闪烁和常亮状态。

(5) 数据采集

按下仪器的"复位"按钮,当"运行"指示灯不停闪烁时,点击"开始采集"按钮,即表示系统进入测量状态。

提升装有样品的一体探头,使其脱离液氮液面,温度将逐渐升高。表示"样品电流方向"的"正向/反向"指示灯交替闪烁,表示系统已开始采集数据。此时在计算机屏幕上逐点描出两条电压/温度特性曲线,红色的一条表示正向电压升,蓝色的一条表示反向电压降,"状态参数”区域同时显示相应的工作参数值。

(6) 停止采集

点击“停止采集”按钮，停止采集数据，按提示输入文件名(建议使用缺省名)，确认后自动保存文件，然后退出采集。保存“电阻/温度”数据的文件名为“ *. trt”。保存“电压/温度”数据文件名为“ *. txt”。

(7) 数据处理

[思考题]

1. 超导体具有哪些特性？

2. 四端法测量电阻，是否可将电流引线与电压引线互换？为什么？

3. 实验中如何测量超导体的临界温度？

实验十二　康普顿散射光子能量及微分截面的测量

［实验目的］

1. 理解康普顿散射及微分截面的概念。
2. 熟练掌握康普顿散射光子及微分截面的计算。
3. 掌握康普顿散射微分截面测量方法。

［实验内容］

1. 利用康普顿散射谱仪测量康普顿散射微分截面及散射光子的能量。
2. 在同一坐标中作出康普顿散射微分截面及散射光子的能量的理论值与实验值，并比较。

［实验原理］

(1) 康普顿散射

康普顿效应是射线与物质相互作用的三种效应之一。康普顿效应是入射光子与物质原子中的核外电子产生非弹性碰撞而被散射。散射时，入射光子把部分能量转移给电子，使它脱离原子成为反冲电子，而散射光子的能量和运动方向发生变化。如图 1 所示，其中 $h\nu$ 是入射 γ 光子的能量，$h\nu'$ 是散射 γ 光子的能量，θ 是散射角，e 是反冲电子，ϕ 是反冲角。

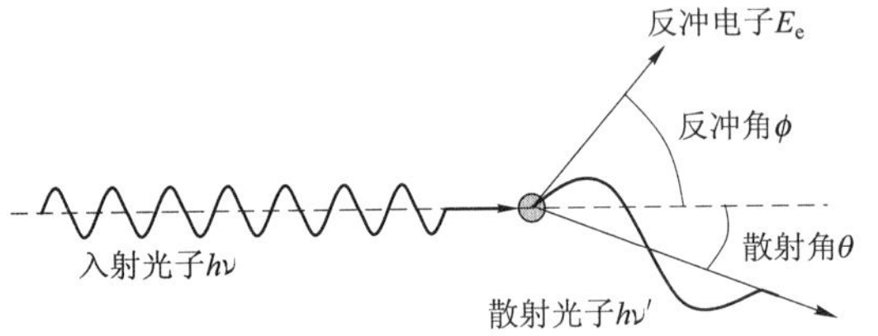

图 1　康普顿散射示意图

由于发生康普顿散射的 γ 光子能量比电子的束缚能要大得多，所以入射 γ 光子与原子中的电子作用时，可以把电子的束缚能忽略，看成是自由电子，并视为散射发生以前电子是静止的，动能为 0，只有静止能量 m_0c^2，散射后，电子获得速度 v，此时电子的能量 $E = m_0c^2/\sqrt{1-\beta^2}$，动量为 $mv = m_0c^2/\sqrt{1-\beta^2}$，其中，$\beta=v/c$，$c$ 为光速。

用相对论的能量和动量守恒定律就可以得到：

$$m_0c^2 + h\nu = m_0c^2/\sqrt{1-\beta^2} + h\nu' \tag{1}$$

$$h\nu/c = m_0\nu/\sqrt{1-\beta^2}\cdot\cos\phi + h\nu'/c\cdot\cos\theta \tag{2}$$

$$h\nu'/c\sin\theta = m_0v/\sqrt{1-\beta^2}\cdot\sin\phi \tag{3}$$

由式(1)、(2)、(3)可得出：

$$h\nu' = h\nu/1 + \frac{h\nu}{m_0 c^2}(1-\cos\theta) \tag{4}$$

其中，$h\nu/c$ 为入射 γ 光子的动量，$h\nu'/c$ 为散射 γ 光子的动量，此式表示散射 γ 光子能量与入射 γ 光子能量及散射角的关系。

(2) 康普顿散射的微分截面

康普顿散射的微分截面的意义是：一个能量为 $h\nu$ 的入射 γ 光子与一个电子作用后被散射到 θ 方向单位立体角里的概率。记作 $\frac{d\sigma(\theta)}{d\Omega}$ 。表达式为：

$$\frac{d\sigma(\theta)}{d\Omega} = \frac{r_0^2}{2}\left(\frac{h\nu'}{h\nu}\right)^2\left(\frac{h\nu}{h\nu'} + \frac{h\nu'}{h\nu} - \sin^2\theta, (\text{cm}^2/\text{单位立体角})\right. \tag{5}$$

其中，$r_0 = 2.818\times10^{-13}$ cm 为光电子的经典半径，此式通常称为“克来因—仁科”公式。此式所描述的就是微分截面与入射 γ 光子能量及散射角的关系。

本实验用闪烁谱仪测量各散射角的散射 γ 光子能谱，用光电峰峰位及光电峰面积得出散射 γ 光子能量 $h\nu$，并计算出微分截面的相对值：$\frac{d\sigma(\theta)}{d\Omega}\Big/\frac{d\sigma(\theta_0)}{d\Omega}$。

[实验仪器]

康普顿散射谱仪、BH1307 多道、PHA1.8/UMS38 软件、^{60}Co、^{137}Cs；实验装置图如图 2 所示。

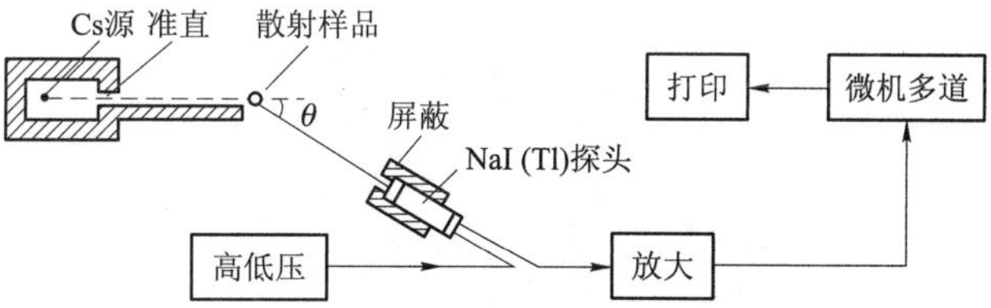

图 2 康普顿散射实验装置示意图

[操作使用方法]

$h\nu''$及$\left(\frac{d\sigma(\theta)}{d\Omega}\Big/\frac{d\sigma(\theta_0)}{d\Omega}\right)'$ 的实验测定方法

(1) $h\nu''$的测量方法

1) 对谱仪进行能量刻度，作出能量—道数的曲线。

2) 由散射 γ 光子能谱光电峰峰位的道数在刻度曲线上（见附录一）查出散射 γ 光子的能量 $h\nu''$。

需说明的是：实验装置中已考虑了克服地磁场的影响，光电倍增管已用圆筒形坡莫合金包住；即使这样，不同 θ 角的散射光子的能量刻度曲线仍有少量的差别。

(2) $\left(\frac{d\sigma(\theta)}{d\Omega}\Big/\frac{d\sigma(\theta_0)}{d\Omega}\right)'$ 的测量方法

根据微分散射截面的定义，当有 N_0 个光子入射时，与样品中 N_e 个电子发生作用，在忽略多次散射自吸收的情况下，散射到 θ 方向 Ω 立体角里的光子数 $N(\theta)$ 应为：

$$N(\theta) = \frac{d\sigma(\theta)}{d\Omega} N_0 N_e \Omega f \tag{6}$$

式中，f 为散射样品的自吸收因子，假定 f 为常数，即不随散射 γ 光子能量变化。

由图 1 可以看出，在 θ 方向上，NaI 晶体对散射样品（看成一个点）所张的立体角 Ω 为 S/R^2，S 为晶体表面面积；R 为晶体表面到样品中心的距离。Ω 已知。则 $N(\theta)$ 就是入射到晶体上的散射 γ 光子数。我们测量的是散射 γ 光子能谱的光电峰计数 $N_p(\theta)$，假定晶体的光电峰本征效率为 $\varepsilon_f(\theta)$，则有：

$$N_p(\theta) = N(\theta)\varepsilon_f(\theta) \tag{7}$$

已知晶体对点源的总探测效率 $\eta(\theta)$（见附录三），及晶体的峰总比 $R(\theta)$（见附录四），设晶体的总本征效率为 $\varepsilon(\theta)$，则有：

$$\frac{\varepsilon(\theta)}{\varepsilon_f(\theta)} = R(\theta) \tag{8}$$

$$\eta(\theta) = \frac{4\pi}{\Omega}\varepsilon(\theta) \tag{9}$$

由式(8)、式(9)可得：

$$\varepsilon_f = R(\theta)\eta(\theta)\frac{4\pi}{\Omega} \tag{10}$$

将式(10)代入式(7)则有：

$$N_p(\theta) = N(\theta)R(\theta)\eta(\theta)\frac{4\pi}{\Omega} \tag{11}$$

将式(6)代入式(11)则有：

$$N_p(\theta) = \frac{d\sigma(\theta)}{d\Omega}R(\theta)\eta(\theta)\frac{4\pi}{\Omega}N_0N_e\Omega f \tag{12}$$

由式(12)可得：

$$\frac{d\sigma(\theta)}{d\Omega} = \frac{N_p(\theta)}{R(\theta)\eta(\theta)4\pi N_0N_ef} \tag{13}$$

这里需要说明：η、R、ε、ε_f 都是能量的函数，但在我们的具体情况下，散射 γ 光子的能量就取决于 θ，所以为了简便起见，都将它们写成了 θ 的函数。

式(13)给出了微分截面 $\frac{d\sigma(\theta)}{d\Omega}$ 与各参量的关系，若各量均可测或已知，则微分截面可求。实际上有些量无法测准（N_0、N_e 等），只能求得微分截面的相对值 $\left(\frac{d\sigma(\theta)}{d\Omega}\Big/\frac{d\sigma(\theta_0)}{d\Omega}\right)'$，在此过程中，一些未知量都消掉了。如取 $\theta=20°$，由式(13)不难得到：

$$\left(\frac{d\sigma(\theta)}{d\Omega}\Big/\frac{d\sigma(\theta_0)}{d\Omega}\right)' = \frac{N_p(\theta)}{R(\theta)\eta(\theta)}\Big/\frac{N_p(\theta_0)}{R(\theta_0)\eta(\theta_0)} \tag{14}$$

由式(14)可看出，实验测量的就是 $N_p(\theta)$。

注意：$N_p(\theta)$和 $N_p(\theta_0)$的测量条件应相同。

[操作步骤]

(1) 实验预习

1) 复习康普顿散射的有关知识，搞清微分截面的概念，各公式的意义。

2) 将附录三和附录四的表作成曲线。

3) 计算不同散射角下的散射 γ 光子的能量 $h\nu'$（$\theta=0°$、$20°$、$40°$、$60°$、$80°$、$100°$、$120°$、$180°$），并作 $h\nu'$—θ 曲线。

4）计算 $\frac{d\sigma(\theta)}{d\Omega}\Big/\frac{d\sigma(\theta_0)}{d\Omega}$（已知：$h\nu=662$ keV，$m_0c^2=511$ keV，$r_0=2.818\times10^{-13}$ cm，$\theta=20°$，R、η 值在附录中给出），并作 $\frac{d\sigma(\theta)}{d\Omega}\Big/\frac{d\sigma(\theta_0)}{d\Omega}$ —θ 曲线。

5）拟制实验报告表。

(2) 实验准备

1）仪器各部件连接好，预热 30 min。

2）调整仪器，使其处于较佳的工作状态。

3）双击桌面上的 UMS 图标，进入测量程序。

(3) 能量刻度

1）移动探头，使 $\theta=0°$；取下散射样品，将放射源打开至标记位置。

2）点击"设置"设置测量所需的时间（单位默认为秒）后确认，点击"开始"进入测量状态；测量完毕后，在程序主界面中记录光电峰峰位。

3）关闭^{137}Cs 源；将^{60}Co 源放在探头前方并对准探头的准直孔，按步骤 2 的测量方法测量，将得到的各光电峰峰位的道数值填入附录六的实验记录表一内。

4）作能量刻度曲线。

(4) 改变散射角 θ，测量其相应的散射光子能量及不同 θ 散射光子能峰的净峰面积

1）移动探头，使 $\theta=20°$。

2）放上散射样品，打开放射源。

3）输入测量时间测量散射光子能谱即总谱，测量完毕记录光电峰峰位、上下边界道数和总峰面积的值（具体测量方法同能量刻度 2）。上下边界道数的取法应为两边都取平坦部分且尽量接近散射峰（见图 3）。

4）取下散射样品，在相同的测量时间内测量本底谱，测量完毕后在对应的上下边界道数间求出本底面积。

5）净峰面积＝总峰面积－本底面积。

6）其他角度下的测量方法相同，将得到的各 θ 角下光电峰峰位、上下边界道、总峰面积、本底面积和净峰面积值填入附录七的实验记录表二内。

7）在测量程序的主界面下按点击"关闭"，弹出"退出？"窗口，确认后退出测量程序。

8）将放射源屏蔽后锁好。

(5) 计算

1）根据各光电峰峰位的道数值在能量刻度曲线上找出对应的散射光子能量的实验值 $h\nu''$，再由此能量在 $\eta(\theta)$—E 和 $R(\theta)$—E 曲线上找出对应的 $\eta(\theta)$ 和 $R(\theta)$ 值，计算

出散射光子的 $\left(\frac{d\sigma(\theta)}{d\Omega}\Big/\frac{d\sigma(\theta_0)}{d\Omega}\right)'$ 值。

2）将散射光子能量的实验值 $h\nu''$—θ 曲线画在预习要求的同一坐标纸上，计算实验值 $h\nu''$ 与理论值 $h\nu'$ 的误差。

3）将散射光子的微分截面的实验值 $\left(\frac{d\sigma(\theta)}{d\Omega}\Big/\frac{d\sigma(\theta_0)}{d\Omega}\right)'$—$\theta$ 曲线画在预习要求的同一坐标纸上，计算实验值与理论值的相对误差。

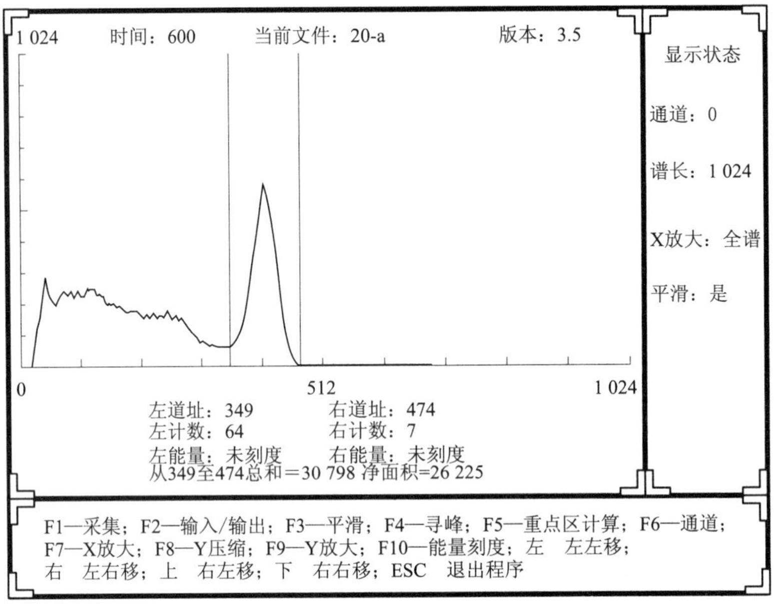

图 3 总峰面积的取值方法

［误差简要分析］

1. $h\nu''$测量中的误差主要来源

1）仪器在测量过程中，散射 γ 光子峰位漂移；

2）调整散射角 θ 的偏差；

3）能量刻度曲线引起的误差。

2. $\dfrac{\mathrm{d}\sigma(\theta)}{\mathrm{d}\Omega}\Big/\dfrac{\mathrm{d}\sigma(\theta_0)}{\mathrm{d}\Omega}$ 测量中的误差主要来源

1）所取光电峰峰位道数不准而产生的峰面积计数误差；

2）峰面积计数的统计误差；

3）$R(\theta)$、$\eta(\theta)$引用的参照数据，与该实验的条件不完全一致；

4）自吸收因子 f 引进的误差。

附录一 ^{137}Cs 和散射 γ 光子能量与散射角 θ 的关系

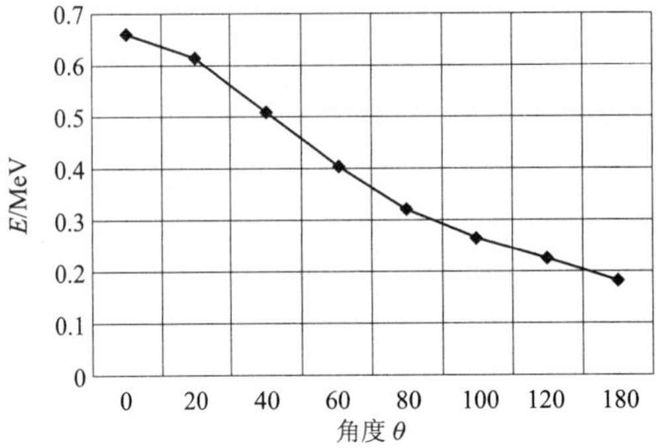

附录二 微分截面与入射 γ 光子能量及散射角 θ 的关系

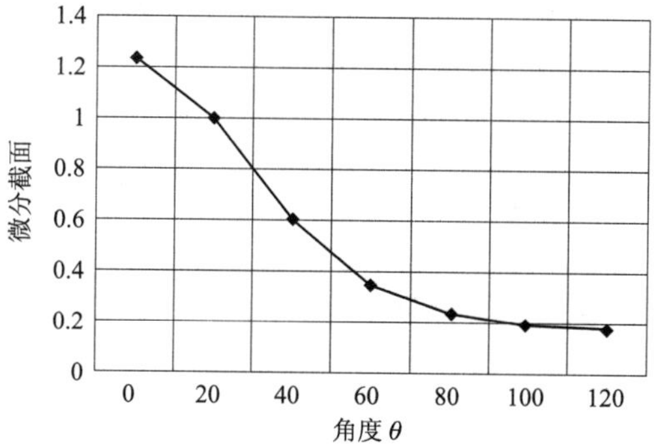

附录三 距点源 30 cm, ϕ40 mm×40 mm NaI(Tl 是铊的化学式)对点源总探测效率与能量关系

E/MeV	0.1	0.15	0.2	0.3	0.4	0.5	0.6	0.8	1.0
$\eta(\theta)$	1.09×10^{-3}	1.07×10^{-3}	1.04×10^{-3}	9.17×10^{-4}	8.11×10^{-4}	7.37×10^{-4}	6.87×10^{-4}	6.17×10^{-4}	5.69×10^{-4}

附录四 距点源 10 cm, ϕ40 mm×40 mm NaI(Tl)对点源的峰总比与能量关系

E/MeV	0.2	0.3	0.4	0.5	0.6	0.662	0.8	1.0
$R(\theta)$	0.884 1	0.723 6	0.587 5	0.491 2	0.426 6	0.391 4	0.337 3	0.297 7

附录五 预习计算表 不同 θ 下的 $h\nu'$ 及 $\dfrac{d\sigma(\theta)}{d\Omega}\Big/\dfrac{d\sigma(\theta_0)}{d\Omega}$

θ	$1-\cos\theta$	$h\nu' = h\nu\Big/1+\dfrac{h\nu}{m_0c^2}(1-\cos\theta)$	$\dfrac{d\sigma(\theta)}{d\Omega}$	$\dfrac{d\sigma(\theta)}{d\Omega}\Big/\dfrac{d\sigma(\theta_0)}{d\Omega}$
0°				
10°				
20°				
30°				
40°				
50°				
60°				
70°				
80°				
90°				

续表

θ	$1-\cos\theta$	$h\nu' = h\nu \Big/ 1+\frac{h\nu}{m_0c^2}(1-\cos\theta)$	$\frac{d\sigma(\theta)}{d\Omega}$	$\frac{d\sigma(\theta)}{d\Omega} \Big/ \frac{d\sigma(\theta_0)}{d\Omega}$
100°				
110°				
120°				

附录六　实验记录表一　能量刻度($\theta=0°$)

放射源	^{137}Cs	^{60}Co	
E/MeV	0.662	1.173	1.332
光电峰峰位(道)			

附录七　实验记录表二　散射能谱的光电峰峰位和面积

θ	光电峰峰位/道	上边界道	下边界道	总峰面积	本底面积	净峰面积	测量时间	光电峰能量	$\frac{d\sigma(\theta)}{d\Omega} = \frac{N_p(\theta)}{R(\theta)\eta(\theta)}$	$\frac{d\sigma(\theta)}{d\Omega} \Big/ \frac{d\sigma(\theta_0)}{d\Omega}$
10°										
20°										
30°										
40°										
50°										
60°										
70°										
80°										
90°										
100°										
110°										
120°										

[思考题]

1. 康普顿散射微分截面实验值与理论值存在差异的原因是什么？

2. 能量刻度后，装置工作条件能变动吗？为什么？

实验十三　低本底总α、总β活度的测量

[实验目的]

1. 了解α、β测量仪的工作原理，并掌握α、β测量仪的正确使用方法。
2. 掌握低本底物质的制样方法。
3. 学会低本底总α、β放射活度的测量方法。

[实验内容]

1. 将水、粮食等低本底物质进行制样，并对样品进行测量。
2. 用标准公式处理数据，计算出低本底物质中的的α、β放射性活度。

[实验原理]

(1) 仪器工作原理

BH-1216型低本底总α、β放射活度的测量仪器的主探测器所使用的闪烁体是ST-1221型低本底α、β闪烁体。α闪烁物质位于外层，β闪烁物质位于内层。当α粒子进入α闪烁物质时，因其射程小，将全部能量损失在ZnS(Ag)闪烁晶体内，引起闪烁发光，产生α信号。β粒子穿透能力较强，其可穿过ZnS(Ag)材料进入内层与β闪烁物质作用，产生β信号。

该仪器主要由主机部分和微机部分两大部分组成。而主机部分又由探测器、屏蔽室和电子学线路三部分组成。其电子学线路又由抗干扰器、电源(包括低压电源和高压电源)、放大器(包括电荷灵敏放大器、预主放大器及主放大器)、反符合器、微机等组成。

电子学线路的工作原理图如图1所示，入射到主探测器上的α粒子，在其耗尽层内产生电子一空穴对，它们在偏压的作用下被收集，产生一个负的电流脉冲，此脉冲经电荷灵敏放大器积分与倒相，在电荷灵敏放大器的输出端产生一个正的电压脉冲信号。此信号再经预主放大器放大与成形后分成两个支路，一个支路是进入反符合器的α输入，另一支路进入主放大器，再经主放大器进一步放大与成形，进入反符合器的β1输入。

进入反符合器α输入的脉冲信号，通过具有一定阈的甄别器Ⅰ，并经进一步成形后又分成两路。一路经过进一步延迟成形后与反符合信号在反符合门Ⅰ处进行反符合。若此时反符合路无输出信号，则给出α输出。分支的另一路脉冲信号与进入反符合器β1的α粒子的脉冲信号在反符合门Ⅱ处进行反符合，使α粒子的信号不会混入β通道。由于金硅面垒探测器的能量线性及能量分辨率均优，故落到β道的小幅度的α粒子信号很少，即混入β道的α粒子信号也很少。

(2) 工作源效率计算

α工作源效率计算：

$$\varepsilon_s(\alpha)=\frac{R_s(\alpha)-R_o(\alpha)}{I(\alpha)}\times 100\% \tag{1}$$

$$\varepsilon_r(\alpha)=\frac{R_s(\alpha)-R_o(\alpha)}{I(\alpha)G}\times 100\% \tag{2}$$

式中：$\varepsilon_s(\alpha)$、$\varepsilon_r(\alpha)$为α工作源2π探测效率和效率比，%；$R_s(\alpha)$为测量的α工作源的平均计数率，计数·min^{-1}；$R_o(\alpha)$为仪器α道的平均本底计数率，计数·min^{-1}；$I(\alpha)$为α工作

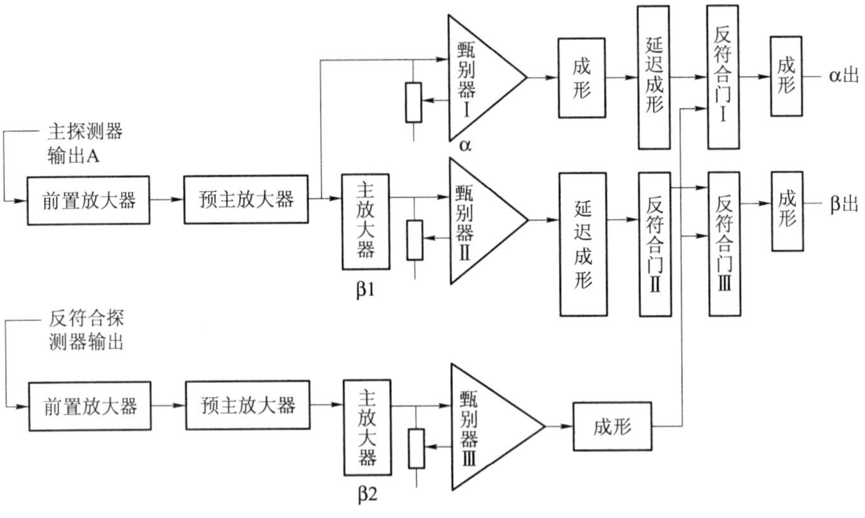

图 1　电子学线路工作原理图

源 2π 表面发射率，表面粒子数·min^{-1}；G 为几何因子。

β工作源效率计算：

$$\varepsilon_s(\beta)=\frac{R_s(\beta)-R_o(\beta)}{I(\beta)}\times 100\% \tag{3}$$

$$\varepsilon_r(\beta)=\frac{R_s(\beta)-R_o(\beta)}{I(\beta)G}\times 100\% \tag{4}$$

式中：$\varepsilon_s(\beta)$、$\varepsilon_r(\beta)$ 为β工作源 2π 探测效率和效率比，%；$R_s(\beta)$ 为测量的β工作源的平均计数率，计数·min^{-1}；$R_o(\beta)$ 为仪器β道的平均本底计数率，计数·min^{-1}；$I(\beta)$ 为β工作源 2π 表面发射率，表面粒子数·min^{-1}；G 为几何因子。

(3) 活度计算

1）α活度计算

样品中α活度计算公式为：

$$c(\alpha)=\frac{R_b-R_0}{\varepsilon_s}\times\frac{m}{m_b\times Y\times w}\times A,\text{Bqkg}^{-1}$$

式中：$c(\alpha)$为生物样品中总α活度，$Bqkg^{-1}$；R_b为测量的样品中总α计数率，计数·s^{-1}；R_0为α本底计数率，计数·s^{-1}；ε_s为α工作源效率，%；m 为样品总灰量，mg；m_b为样品源质量，mg；w 为鲜样重量，kg；Y 为样品回收率；A 为修正系数，在默认情况下，$A=1$。

标准误差为：

$$s_c=\sqrt{\frac{R_b}{t_b}+\frac{R_0}{t_0}}\times\frac{m}{\varepsilon_s\times m_b\times Y\times w},\text{Bqkg}^{-1}$$

探测限为：

$$C_{min}=K\times\frac{10^6}{\varepsilon_s\times m_b\times Y\times w}\times\sqrt{\frac{R_b}{t_b}+\frac{R_0}{t_0}},\text{Bqkg}^{-1}$$

式中：K 为置信系数，$K=2$；t_b，t_0 分别为样品和本底测量的总时间，s。

2) β 活度计算

样品中 β 活度计算公式为：

$$c(\beta)=\frac{R_b-R_0}{\varepsilon_s}\times\frac{m}{m_b\times Y\times w}\times A,\mathrm{Bqkg^{-1}}$$

标准偏差为：

$$s_c=\sqrt{\frac{R_b}{t_b}+\frac{R_0}{t_0}}\times\frac{m}{\varepsilon_s\times m_b\times Y\times w},\mathrm{Bqkg^{-1}}$$

探测限为：

$$C_{\min}=K\times\frac{10^6}{\varepsilon_s\times m_b\times Y\times w}\times\sqrt{\frac{R_b}{t_b}+\frac{R_0}{t_0}},\mathrm{Bqkg^{-1}}$$

式中：$c(\beta)$为生物样品中总 β 活度，$\mathrm{Bqkg^{-1}}$；R_b为测量的样品中总 β 计数率，计数 · s^{-1}；R_0为 β 本底计数率，计数 · s^{-1}；ε_s为 β 工作源效率，%；m 为样品总灰量，mg；m_b为样品源质量，mg；w 为鲜样重量，kg；Y 为样品回收率；A 为修正系数，在默认情况下，$A=1$；K 为置信系数，$K=2$；t_b，t_0分别为样品和本底测量的总时间，s。

[实验仪器]

BH1216 型低本底 α、β 测量仪、25－10 型马弗炉、WS701 型红外线快速干燥箱、托盘天平、FA1204N 型电子天平、日用电炉、无水乙醇、滴定管、玻璃棒、镊子、样品盘、干燥器、蒸发皿、坩埚、α 标准物质^{241}Am、β 标准物质 KCl、样品。BH1216 Ⅱ 型低本底 α、β 测量仪线路连接方框图如图 2 所示。

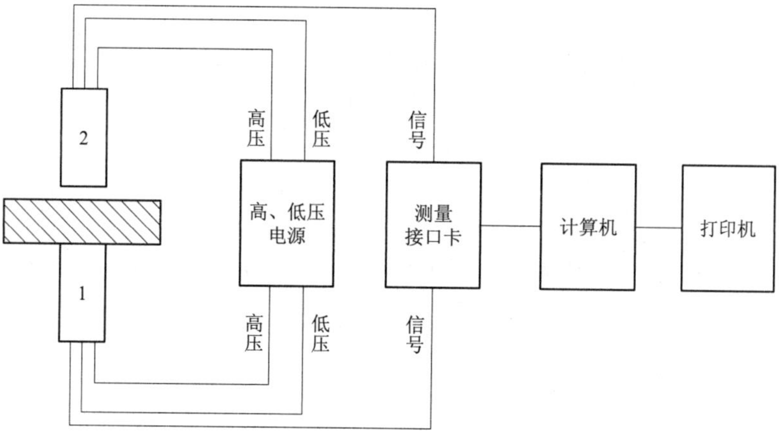

图 2 BH1216 Ⅱ 型低本底 α、β 测量仪线路连接方框图

1—主探测器；2—反符合探测器

[实验步骤]

(1) 制样(制样方法以蔬菜为例)

1) 烘干样品。将样品放在电动鼓风电热干燥箱中烘干，温度调节在 110 ℃左右(以避免温度过高引燃样品)直至样品完全烤干。

2) 样品炭化。将干燥样品放入坩埚中，用不锈钢匙碾碎，把蒸发皿置于日用电炉上，接通电源，使样品在低于着火临界温度下加热炭化至无烟。注意：要先把蒸发皿放在日用电炉上再接通电源，若先接通电源预热再放蒸发皿，会因蒸发皿温度变化剧烈而导致蒸发皿破裂。炭化期间需用不锈钢匙不断翻动和搅拌样品，以免样品局部受热过快或散热不均而自燃。

3）样品灰化。将炭化后的样品放入马弗炉中，调节温度到 200 ℃左右，灰化至灰分呈疏松的白色为止。

4）称量灰化后的样品。取干净样品盘用电子天平称量灰样的质量，并记录灰样重。

5）用滴定管吸取适量分析用无水乙醇，均匀滴在样品盘中，使灰样得到充分润湿，用玻璃棒较为平整的一端轻轻碾轧、搅拌灰样的乙醇溶液，使灰样均匀溶解于乙醇中，并使溶液均匀分布在样品盘中。

6）用镊子把样品盘平稳地夹至红外灯下烤干。将烤干的样品用镊子夹出，在干燥环境中冷却，待用。

7）标准物质的制样。方法同 5）、6）。

(2) 仪器刻度

1）开机预热 30 min。

2）本底测量。测量周期为 10 次，测量时间为 3 600 s。

3）标准物质测量。测量周期为 4 次，测量时间为 1 800 s。

4）计算本底、α、β 标准物质的计数率，利用公式(1)、(2)、(3)、(4)计算 α、β 工作源效率。

(3) 样品测量。测量周期为 4 次，测量时间为 400 min。

(4) 数据处理。

[思考题]

1. 制样、称样过程中主要须注意哪些事项？

2. 样品制样盘与标准物质制样盘的规格须一样，为什么？若样品盘规格不一样，对实验结果会带来什么影响？

实验十四　小立体角法测量β源活度

［实验目的］

掌握小立体角法测量β源的活度的方法。

［实验内容］

1. 测定影响总绝对效率的一系列校正因子。
2. 测量^{90}Y-^{90}Sr薄膜β源的绝对活度。

［实验原理］

放射源活度的测量方法概括地可以分为两类：相对测量和绝对测量。绝对测量是指测量装置直接测量放射性核素的衰变数，不必依赖于其他标准样品或标准仪器的校对。相对测量则是用一个活度已知的标准源与待测源在相同条件下，测出两者的比值，通过计算求出待测源的活度。小立体角法是很早就确立的一种源活度的绝对测量方法。这种方法简单方便，使用设备不多，便于建立，故广泛被采用。典型装置于图1所示。为了减小本底，探测器和放射源放置在前室内，铅室壁厚一般大于5.0 mm。为了减少散射，铅室内腔要足够空旷。铅室内壁的厚度约为2～5 mm的铅皮或塑料板的作用是减少β射线在铅中的轫致辐射。为了较少轫致辐射及散射的影响，源的支架及源托板都要用原子序数低的材料做成。准直器用来确定立体角，并防止立体角以外的射线进入探测器。

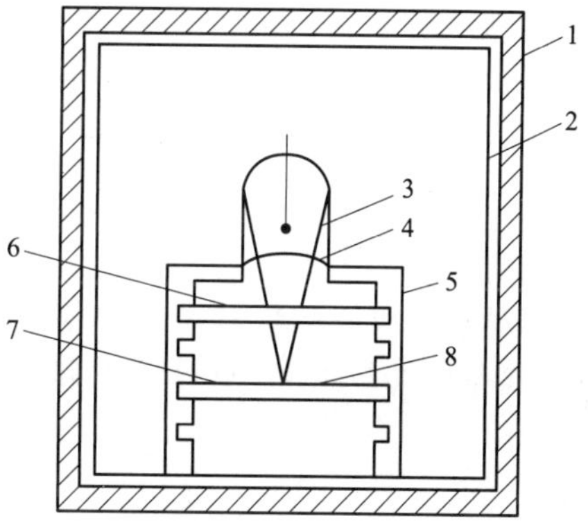

图1　测量β放射源活度的小立体角装置示意图

1—铅室；2—铝或塑料板；3—探测器；4—探测器的窗；5—支架；6—准直器；7—源托板；8—放射源

测量的基本原理是：如果放射源发出的射线是各向同性的，那么，只要测得放射源在任何一定方向一定立体角内的放射性活度，就能算出放射源总的放射性活度。所以，这种测量β源绝对活度的方法，通常称为小立体角法。

假如放射源的活度为A，每次衰变放射出一个β粒子，实验测得的计数率为n_s，本底计数率为n_b，则净计数n_0为：

$$n_0 = n_s - n_b = \varepsilon A = f_g \cdot f_a \cdot f_b \cdot f_k \cdot f_\tau \cdot f_\gamma \varepsilon_{in} \cdot A \tag{1}$$

其中，

$$A = \frac{n_s - n_b}{\varepsilon} \tag{2}$$

小立体角装置测源活度的总绝对效率是许多修正因子的乘积：

$$\varepsilon = \varepsilon_{in} \cdot f_g \cdot f_a \cdot f_b \cdot f_k \cdot f_\tau \cdot f_\gamma \tag{3}$$

式中：ε_{in}为探测器本征探测效率；f_g为立体角修正因子；f_a为吸收修正因子；f_b为反散射修正因子；f_k为坪斜修正因子；f_τ为分辨时间修正因子；f_γ为计数管对γ射线计数的修正因子。

现对这些因子分别加以讨论：

(1) 本底效率 ε_{in}

根据 G-M 管放电原理，只要 β 粒子产生一对以上的电子-离子对就可以计数。因此，可以选择准直孔大小，使射线全部进入接近计数管阳极中心部位的灵敏体积内，以保证产生一对以上电子-离子对。这样 G-M 管带电粒子的本征效率就是百分之百，这时 $\varepsilon_{in}=1$ 。

(2) 立体角修正因子 f_g

设放射源发射 β 射线是各向同性的，在小立体角装置中(见图 2)，探测器只能测到小立体角 Ω 内的 β 粒子，所以必须引入相对立体角修正因子。点源的几何因子为

$$f_g=\frac{\Omega}{4\pi}=\frac{1}{2}\left(1-\frac{h}{\sqrt{h^2+r^2}}\right) \tag{4}$$

式中：r 为准直孔的半径；h 为源到准直孔的距离。

如果源大小和 h 相比很小时，此公式仍然可近似运用。

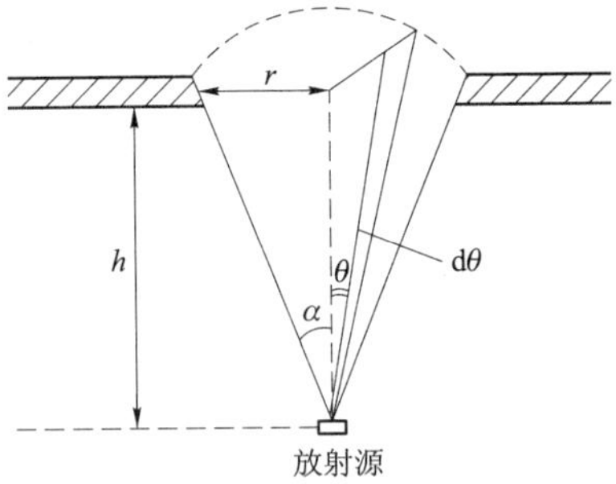

图 2 计算立体角示意图

(3) 吸收修正因子 f_a

β 射线从放射源内射出，进入到探测器的灵敏体积的路径中要经过源本身，源到探测器之间一定的空气层，探测器的入射窗，它们都会吸收 β 射线，被吸收部分没进入探测器，但在小立体角内，所以要对这部分进行修正。

① 吸收修正因子理论计算

β 射线的吸收服从指数规律，若入射 β 粒子数为 N_0，吸收物质的质量吸收系数为 μ_m，cm^2/g；质量厚度为 x_m，g/cm^2；则经过该物质后的 β 粒子数为：

$$N=N_0e^{-\mu_m x_m}$$

而 μ_m 与 β 射线的最大能量 $E\beta_{max}$，MeV 的关系为：

$$\mu_m=\frac{22}{E_{\beta_{max}}^{1.33}} \quad (0.5\ \text{MeV}<E\beta_{max}<6\ \text{MeV})$$

所以一般情况下，吸收因子为：

$$f_a=\frac{N}{N_0}=e^{-\mu_m x_m} \tag{5}$$

若用 f_{as}、f_{aa}、f_{aw} 和 f_{am} 分别表示源自身吸收、空气吸收、探测器窗吸收和源保护层吸收修正因子，则总的吸收修正因子为：

$$f_a=f_{as}f_{aa}f_{aw}f_{am}$$

源自吸收修正因子比较复杂，设放射源的厚度为 x_m 在不考虑自吸收时单位时间内源放出的 β 粒子数为 n_0，则在与源表面相距 t_m 处的 dx_m 薄层中发射的 β 粒子数应为：

$$dn_0=\frac{n_0}{x_m}dt_m$$

若考虑放射源的自吸收后，dx_m 层源放射的 β 粒子数 dI_0 经 t_m 层吸收后射出源表面的 β 粒子数为：

$$dn=dn_0e^{-\mu_m t_m}=\frac{n_0}{x_m}e^{-\mu_m t_m dt_m}$$

将该式对 t_m 从 0 到 x_m 积分，得：

$$n = \frac{n_0}{\mu_m x_m}(1 - e^{-\mu_m x_m})$$

所以源的自吸收修正因子为：

$$f_{as} = \frac{n}{n_0} = \frac{1}{\mu_m x_m}(1 - e^{-\mu_m x_m}) \tag{6}$$

当源很薄时，简化为：

$$f_{as} \cong e^{-\frac{1}{2}\mu_m x_m} \tag{7}$$

② 吸收修正因子 f_a 的实验测定

用实验直接测量 f_a 时，可用外推法求得。在源和计数管之间放置不同厚度的铝吸收片，作计数率 n 和吸收片厚度关系曲线，如图 3 所示（因铝、空气、云母有相同的质量吸收系数）在对数图上 log－x_m 有直线关系，从不放吸收片（吸收片厚度为零）那一点（计数率为 n）将直线部分外推到厚度为 $-x_t$ 处的计数率为 n_o，n_o 相当于假定计数管没有窗，同时空气、吸收片、源保护膜、自吸收全没有时的计数率。于是：

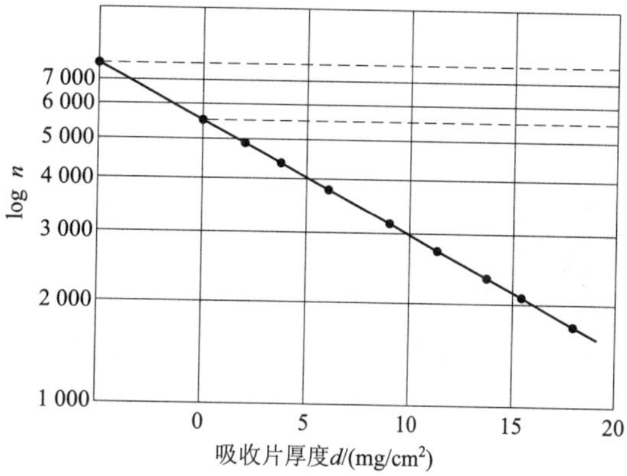

图 3　计数率与吸收片厚度的关系曲线

$$f_a = \frac{n}{n_o}$$

（4）反散射修正因子 f_b

从测量装置可知，放射源是放在托板上的，托板又是放在支架上的。β 射线在托板和支架上的大角度散射将使不在小立体角内的粒子散射后进入了探测器，引起记录数增加，因此要进行反散射修正。

散射角与离子能量、作用物质的原子序数和厚度等因素有关，一般用实验测定。先将放射性溶液滴在很薄的有机薄膜上，测得计数率 n，由于膜很薄，反散射可以忽略，则 n 可以认为是无反散射时的计数率。然后将此有机膜衬一铝片或其他膜做承托物，再次测量计数率 n' 则反散射因子为：

$$f_b = \frac{\text{源有承托膜时的计数率}}{\text{源无承托膜时的计数率}} = \frac{n'}{n} \tag{8}$$

在实际测量中，大多数情况应尽可能避免反散射，将源做在很薄的有机膜上，是 $f_b \approx 1$。

（5）坪斜修正因子 f_k

G-M 计数管坪区斜率较大，造成坪斜的主要原因是正离子漂移到阴极上打出次级电子形成的假脉冲，使计数增加因此要对假脉冲计数要进行修正。坪的起始部分假计数较少，可近似的认为把坪区外推到其始电压时相应的计数率没有假计数 n_0，而所加工作电压下测得的计数是有假计数 n，如图 4 所示。这样可得坪斜修正因子：

$$f_k = \frac{n}{n_0} \tag{9}$$

显然 $f_k > 1$。

(6) 分辨时间修正因子 f_τ

在测量系统的分辨时间内，入射的粒子进入探测器后被漏记，所以要进行修正。如果测得的计数率为 n，分辨时间为 τ 时，真的计数率为：

$$n_0 = \frac{n}{1 - n\tau}$$

分辨时间修正因子为：

$$f_\tau = \frac{n}{n_0} = 1 - n\tau \tag{10}$$

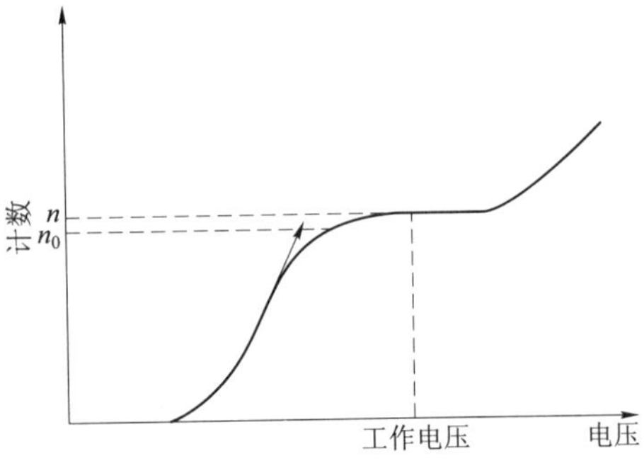

图 4　G-M 计数管的坪曲线

(7) γ 计数修正因子 f_γ

多数 β 衰变的放射性核素都伴随有 γ 跃迁，G-M 管对 γ 射线也灵敏，所以实际测的脉冲计数是 β 射线和 γ 射线引起的，因此要对 γ 计数进行修正。通常用吸收片方法。若放射性核素放出的 β 射线的能量不高而 γ 射线能量高，可在源和探测器之间放置吸收片是 β 射线全部被吸收，而 γ 射线则全部通过被记录下来。设没有吸收片时测得的计数率为 n_1，有吸收片时测得的计数率为 n_2 则 γ 射线的计数修正因子为：

$$f_\gamma = \frac{n_1}{n_1 - n_2} \tag{11}$$

若 β 射线能量较高而 γ 射线能量较低时，需要逐步增加吸收片的厚度，测出一系列计数率，再外推 γ 射线对计数率的贡献，然后再按上式计算 f_γ。

[实验仪器]

G-M 计数器、准直孔、源支架及铅屏蔽室一套、前置放大器 1 个、智能定标器 1 个。测量装置方框图如图 5 所示。

图 5　测量装置方框图

[实验步骤]

(1) 测 G-M 管坪曲线，选择工作电压，并从坪曲线上求得 f_k。

(2) 按照图 2 测量 h、r 求得 Ω，算出 f_g。

(3) 利用双源法测得 G-M 计数管的分辨时间 τ，从而算出 f_τ。(τ 的相对误差要求小于 10%)。

(4) 用一块厚度足以使反散射饱和的反散射片(铝片)，分别测得有、无散射片的计数 n'和 n，则 $f_b = \frac{n'}{n}$。

(5) f_a 的测定

如图 3 用外推法测 f_a，用最小乘法解出直线方程，通过计算得到外推的 n_0，再求 f_a。

(6) 测定 γ 校正因子 f_γ

测得了以上所有修正因子后，把所有修正因子值代入式(3)，即可算出总绝对效率 ε，再把代入式(2)即得 β 放射源的绝对活度 A。

[思考题]

1. 为提高本实验准确度，应注意哪些问题？

2. 吸收片采用原子序数大的还是小的物质？为什么？吸收片放在什么位置比较好？

3. 从实验结果分析，哪些校正因子对误差影响最大？

4. 绝对测量与相对测量各有什么优缺点？

实验十五　γ能谱分析及峰总比的测量

[实验目的]

1. 熟练掌握仪器的工作原理及使用方法。
2. 掌握γ能谱测量法及分析法。
3. 理解峰总比的影响因素。

[实验内容]

1. γ能谱仪的调试及使用。
2. 利用γ谱仪测量γ能谱，根据能谱图分析γ能谱，并确定未知源的γ能量。
3. 峰总比计算及影响因素。

[实验原理]

NaI(Tl)闪烁谱仪由NaI(Tl)闪烁体、光电倍增管、射极跟随器和高压电源以及线性脉冲放大器、多道分析器等电子学设备组成。NaI(Tl)闪烁谱仪既能对辐射强度进行测量又可作辐射能量的分析，是目前广泛使用的一种辐射探测装置。

(1) NaI(T1)闪烁谱仪组成及工作原理

1）闪烁探头

它包括NaI(Tl)晶体和光电倍增管。外壳一般用薄铝做成，分压器和射极跟随器也装在铝壳中。有时尚有倒相器，以使探头同时可有正、负两种极性脉冲输出。外壳要求对光密闭。在强磁场附近工作尚需要内衬坡莫台金作磁屏蔽，以防止外磁场漏入光电倍增管而影响输出脉冲幅度和分辨率。

2）高压电源

供光电倍增管用的高压电源，一般要求在200～2 500 V之间可调，供给电流在1 mA左右。高压稳定性$\Delta V_h/V_h$应在0.05%左右。

3）线性放大器

一般光电倍增管阳极负载上电压脉冲幅度为十毫伏至数百毫伏，故需经放大，以和脉冲幅度分析器的分析电压范围相匹配。一般分析器工作范围为0.1～10 V，所以应适当地调节放大倍数，使脉冲幅度能充分利用这一工作区域，放大倍数过小或过大都是不利的。为了与NaI(Tl)的发光衰减时间相配合，放大器的上升时间应优于0.1 μs。另外要求放大器的线性良好，即输出和输入脉冲幅度能成正比地放大。

4）脉冲幅度分析器

分为单道分析器和多道分析器。单道分析器是逐点改变甄别电压进行计数，测量既不方便，又费时。多道分析器则相当于数百个单道分析器同时对不同幅度的脉冲进行计数，因此一次测量可得到整个一条能谱曲线，既可靠方便，又省时。使用微机多道系统，则不仅可以测量Y谱，还可以方便地对增进行分析和处理。

闪烁探测器的工作过程：① 辐射射入闪烁体使闪烁体原子电离或激发，受激原子退激而发出波长在可见光波段的荧光。② 荧光光子被收集到光电倍增管(PMT)的光阴极，通过光电效应打出光电子。③ 电子在光电倍增管中运动并倍增，并在阳极输出回路输出信号。

(2) γ 能谱分析

γ 射线与闪烁体的相互作用是通过 3 种次级效应（光电效应、康普顿效应和电子对效应）实现的，它产生的次级电子的能谱是相当复杂的，因而由次级电子产生的输出脉冲幅度谱也是相当复杂的，在能谱中形成全能峰、康普顿坪、单逃逸峰、双逃逸峰等。在实际测量中，γ 能谱的形成过程中伴随其他的作用过程，使能谱更趋复杂化。

1）全能峰

入射 γ 射线的能量全部损失在探测器灵敏体积内时，探测器输出的脉冲形成的谱峰为全能峰（如图 1 中的 *A* 峰）。全能峰与 γ 射线的能量是一一对应的。它是光电效应及累积效应贡献的。

2）康普顿坪

γ 射线与闪烁体发生康普顿效应，如果散射光子逃出探测器，则探测器所吸收次级带电粒子的能量就为反冲电子的能量，从 0～ $E_\gamma/(1+1/4E_\gamma)$ 连续分布，所以在 γ 射线能谱中形成一连续的曲线，称为康普顿坪台（如图 1 中的 *B*）。与能量为 $E_\gamma/(1+1/4E_\gamma)$ 相对应的坪台边缘称为康普顿边缘。

3）反散射峰

当(射线与闪烁体周围的物质发生康普顿效应时，反散射光子返回闪烁体，通过光电效应被记录，这就是反散射峰（如图 1 中的 *C*）。当然，在放射源衬底材料中与探头的屏蔽材料中产生的反散射光子同样又可能对反散射峰作出贡献。且反散射光子能量总在 200 keV 左右，因此在能谱上较易识别。

4）特征 X 射线峰（如图 1 中的 *D*）

它是由 ^{137}Ba 的 *K* 层特征 X 射线贡献的。^{137}Cs 的 β 衰变子体 ^{137}Ba 的 0.662 MeV 激发态，在放出内转换电子后，造成 *K* 空位，外层电子跃迁产生此 X 光子。

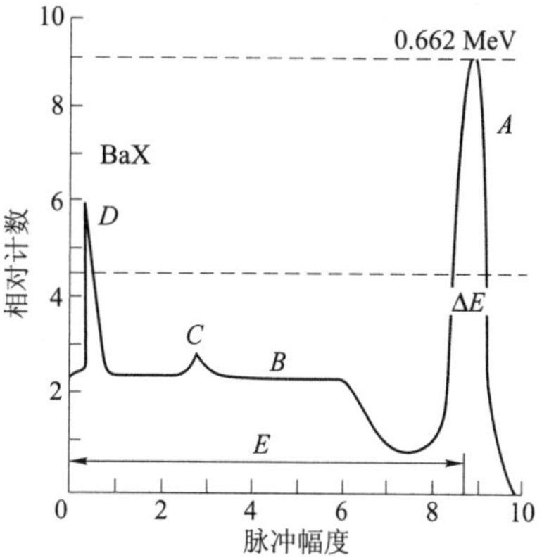

图 1 NaI(Tl)闪烁谱仪测得的 ^{137}Cs-γ 谱

5）单逃逸峰与双逃逸峰

较高能量的 γ 射线与闪烁体发生电子对效应，产生正负电子对。当正电子动能消耗尽时，它就与碘化钠晶体原子中的电子产生湮灭作用，转化为两个 γ 光子。若两个湮灭光子中有一个逃逸出闪烁晶体，于是谱仪记录到的能量比全能峰少去 0.511 MeV，这就是图上的单逃逸峰（见图 2）。若两个湮灭光子全部逃逸，对应的能量比全能峰少去 1.02 MeV，这就是图上的双逃逸峰（见图 2）。

6）碘逃逸峰

碘原子 K 层特征 X 射线逸出晶体所形成。因 NaI(Tl)探测器的能量分辨率不够，分辨不开 662 keV 和 634 keV（662－28，碘的 K 层结合能），使全能峰不对称，低端下降慢，高端下降陡一些。

7）和峰效应

和峰效应是由真符合或偶然符合形成的峰。当放射源存在级联衰变时，若衰变产生的两个 γ 光子同时被晶体吸收，此时探头输出一个幅度相当于这两个光子吸收能量之和的脉冲，而不是输出两个分开的脉冲，此脉冲即为和峰效应。当这两个 γ 光子的能量全部被吸收时，在 γ 谱上相应于两个 γ 光子平均能量处会产生一个峰，即为真和峰(见图 3)。

根据符合公式，真和峰计数率 n_s 为：

$$n_s = A\varepsilon_{sp1}\varepsilon_{sp2}$$

式中：A 为放射源强度；ε_{sp1} 与 ε_{sp2} 分别为探侧器对 γ_1 和 γ_2 的源峰探测效率。由此式可以知，和峰效应与探侧效率有很大关系，当晶体尺寸大及探侧器立体角大时，容易产生和峰效应。

偶然符合形成的和峰是由于不同原子核在谱仪分辨时间 τ 内同时衰变放出 γ 光子造成的。

偶然符合计数率 n_{re} 为：

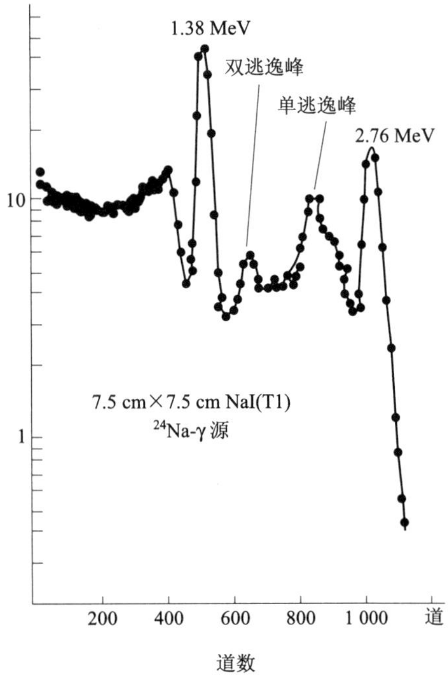

图 2 NaI(Tl)闪烁谱仪测得的^{24}Naγ 谱

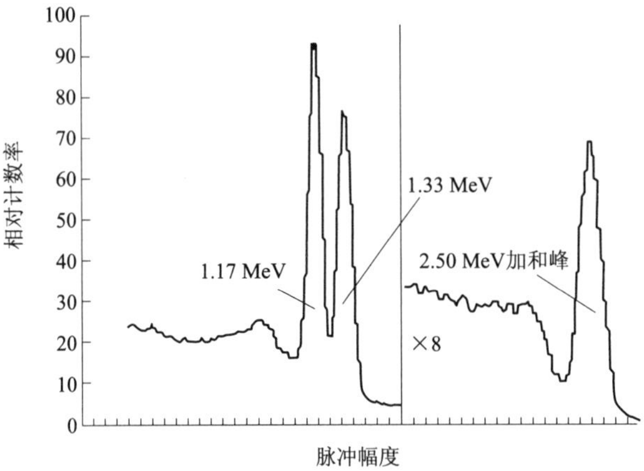

图 3 ^{60}Co-γ 谱

$$n_{re} = 2n_p^2\tau$$

式中：A 为放射源强度；ε_{sp1}、ε_{sp2} 分别为探测器对 γ_1 和 γ_2 的源峰探测效率；n_p 为全谱下总计数率。由此式可知，偶然符合造成的脉冲迭加在高计数率下严重，并与谱仪的分辨时间 τ 成正比。

(3) 能量刻度

为了确定被测的 γ 射线的能量，必须用一组已知能量的 γ 射线，在一定的条件下，测定全能峰峰位与 γ 射线能量之间的关系，这种工作称为“能量刻度”。根据测量结果所作出的能量和峰位之间的关系称为能量刻度曲线。

能量刻度曲线近似于直线，可以用直线方程表示峰位 C_h 与能量之间的对应关系，即：

$$E = G \times C_h + E_0$$

式中：G 为直线的斜率；E_0 为直线的截距，代表 0 道所对应的能量。对于线性关系较好的谱仪或某一能量区段，只要有两种标准源，就能作出能量刻度曲线或求得式中的 G 和 E_0。为了精确起见，往往用更多的标准源进行刻度。在这种情况下，可用最小二乘法求得直线方程中的 G 和 E_0，得到一条更为精确的能量刻度曲线。只有经过能量刻度的谱仪才能测量其他 γ 射线的能量。

(4) 峰总比

峰总比为全能峰内的脉冲数与全谱下的脉冲数之比。即：

$$R = \frac{\varepsilon_{sp}}{\varepsilon_s} = \frac{\varepsilon_{inp}}{\varepsilon_{in}} = \frac{\text{全能峰内的计数}}{\text{全谱内的计数}}$$

式中：ε_{sp} 为源峰探测效率；ε_{inp} 为本征峰探测效率；ε_s 为源探测效率；ε_{in} 为本征探测效率；R 为峰总比。影响峰总比的因素有很多，主要有入射 γ 射线的能量，晶体的形状、大小、厚度和包装物，入射束的形状等。

[实验仪器]

NaI(Tl)闪烁探测器、放大器、多道分析器、示波器、计算机、高压电源。实验装置图如图 4 所示。

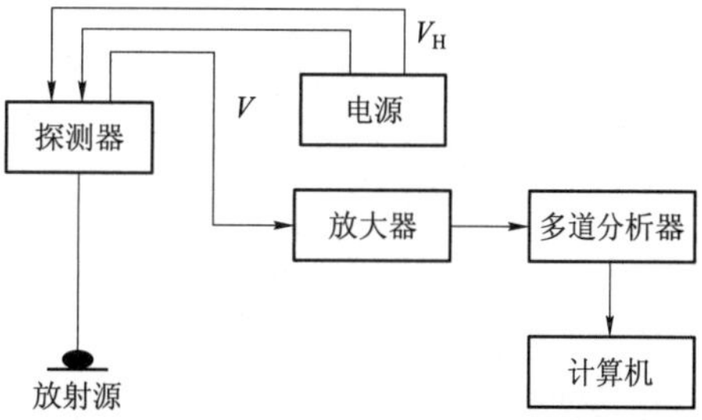

图 4 实验装置图

[实验步骤]

(1) 根据图 4 连接仪器，开机预热。

(2) 用示波器观察 ^{137}Cs 及 ^{60}Co 的脉冲波形，调节并固定光电倍增管的高压。

(3) 调节放大器的放大倍数，使 ^{137}Cs 0.662 MeV 的 γ 射线的全能峰落在合适的甄别阈位置上(4 V)，若选择 1 024 道，则使 ^{137}Cs 0.662 MeV γ 射线的全能峰峰位在 331 道左右。

(4) 能量刻度，利用 ^{137}Cs 及 ^{60}Co 对谱仪进行能量刻度。

(5) 不改变实验条件，测量未知 γ 源能谱。

(6) 分析未知 γ 源能谱，并确定全能峰所对应的能量，统计全谱计数及全能峰的计数。

(7) 计算峰总比，分析其影响因素。

[思考题]

1. 如何从示波上观察到的 ^{137}Cs 脉冲波形图，判断谱仪能量分辨率的好坏？

2. 根据测得的能谱，求出峰总比？

3. 若有一单能γ源，能量为2 MeV，试画出其谱形。

4. 试根据你测量^{137}Cs、^{65}Zn和^{60}Co能谱，求出相应于0.662、1.11和1.33 MeV γ射线全能峰的半宽度，并讨论半宽度随γ射线能量变化的规律。

5. 试解释能谱图上全能峰不完全对称的原因是什么？

实验十六　核衰变的统计规律

［实验目的］

1. 了解原子核衰变的统计规律。
2. 掌握计算统计误差的方法。
3. 掌握实验数据的检验方法。

［实验内容］

1. 利用 G-M 计数管测量 ^{90}Sr 独立变量和本底 500 次，分别作出曲线频率直方图。
2. 对测量数据进行 χ^2 检验和 t 检验。

［实验原理］

(1) 核衰变统计规律

某个放射性原子核衰变的过程是一个随机事件，但大量的原子核衰变服从统计规律。常用的统计模型有：二项式分布、泊松分布和高斯分布。

1) 二项式分布

二项式分布是支配偶然事件的最通用的概率分布，广泛应用于所有概率 P 恒定的过程。

设一随机试验条件组为：作 N_0 次独立试验，每次试验中要么发生 A 事件，要么不发生，且 A 事件发生的概率为 p，不发生的概率为 $1-p$(记作 q)。定义随机变量 ξ 为按上述条件组试验后，A 事件总共发生的次数。ξ 可取值为 0、1、2、…、N_0，ξ 是离散型随机变量。因此，在一组 N_0 个独立试验中，事件 A 成功 k 次的概率为：

$$P\{\xi = k\} = C_{N_0}^{k} p^k q^{N_0-k} = \frac{N_0\,!}{k\,!(N_0-k)\,!} p^k q^{N_0-k} \tag{1}$$

可见，二项式分布的概率函数是由双参数 N_0 和 p 决定的。

数学期望和方差分别为：

$$E(\xi) = \sum_{k=0}^{N_0} k \cdot P_{N_0}(k) = N_0 p$$

$$\begin{aligned} D(\xi) &= \sum_{k=0}^{N_0} [k - E(\xi)]^2 \cdot P_{N_0}(k) \\ &= N_0 pq = E(\xi) \cdot (1-p) \end{aligned} \tag{2}$$

原子核衰变服从指数规律，即：$N(t) = N_0 e^{-\lambda t}$，那么在($0-t$)时间内，发生衰变的原子核数为：$\Delta N(t) = N_0 - N(t) = N_0(1-e^{-\lambda t})$，也就是说原子核在 t 时间内发生衰变的概率为：$p = \dfrac{\Delta N(t)}{N_0} = 1 - e^{-\lambda t}$，不发生衰变的概率为：$q = 1 - p = e^{-\lambda t}$，所以对于原子核衰变，其数学期望为：$E = N_0(1-e^{-\lambda t})$，方差为：$D = N_0(1-e^{-\lambda t})e^{-\lambda t}$ 。

2) 泊松分布

泊松分布是在 N_0 很大、概率 p 很小的条件下，二项式分布在数学上的直接简化，是二项式分布的一种极限情况。对二项式分布，当 N_0 很大，但 $p \ll 1$，即 $m = N_0 p$ 为不大的常数时，服从二项式分布的随机变量就可服从泊松分布，则：

$$\frac{N_0!}{(N_0-k)!}=N_0(N_0-1)(N_0-2)\cdots(N_0-k+1)\approx N_0^k \tag{3}$$

$$q^{N_0-k}=(1-p)^{N_0-k}\approx(e^{-p})^{N_0-k}\approx e^{-N_0p} \tag{4}$$

将式(3)、(4)代入式(1)，得：

$$P\{\xi=k\}=C_{N_0}^k p^k q^{N_0-k}=\frac{N_0!}{k!(N_0-k)!}p^k q^{N_0-k} \tag{5}$$

此时，随机变量 ξ 可取全部正整数，为离散型随机变量，其概率函数为：

$$P\{\xi=k\}=\frac{m^k}{k!}e^{-m} \tag{6}$$

数学期望和方差分别为：$E(\xi)=\sum_0^{\infty} n\cdot P(n)=m$

$$D(\xi)=\sum_0^{\infty}[n-E(\xi)]^2\cdot P(n)=m \tag{7}$$

因此，泊松分布随机变量的特点有：ξ 的取值为全部正整数；$E(\xi)=D(\xi)=m$；当 m 较小时其概率函数非对称，当 m 较大时其概率函数趋于对称；相互独立的服从泊松分布的随机变量之和，仍遵守泊松分布(见图 1)。

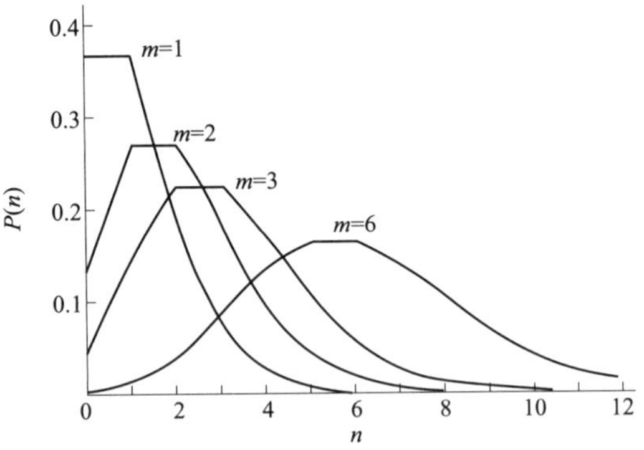

图 1　泊松分布的图形 m 为数学期望值

3) 高斯分布

高斯分布又称正态分布，当泊松分布中的 $m\gg1(20)$ 时，泊松分布就可简化为高斯分布。对高斯分布，随机变量 x 取值范围为 $(-\infty\sim+\infty)$，为连续型随机变量。其概率密度函数为：

$$f(x)=\frac{1}{\sqrt{2\pi}\sigma}\exp\left[-\frac{(x-m)^2}{2\sigma^2}\right] \tag{8}$$

数学期望和方差分别为：

$$E(x)=\int_{-\infty}^{+\infty} x\cdot f(x)\,dx=m$$

$$D(x)=\int_{-\infty}^{+\infty}[x-E(x)]^2 f(x)dx=\sigma^2 \tag{9}$$

对于核衰变，可以证明单位时间发生衰变的核数服从泊松分布，其特点为：$D=m=\sigma^2$。这一关系在高斯分布也是成立的。可以证明：

$$D(n)=\sigma^2=\int(n-m)^2 p(n)dn=m$$

高斯分布连续对称，可以方便地计算测量值出现在 $m\pm Z\sigma$ 区间内的概率，即：

$$P\{m-Z\sigma\leqslant X\leqslant m+Z\sigma\}$$

$$P\{m-Z\sigma \leqslant X \leqslant m+Z\sigma\} = \frac{1}{\sqrt{2\pi}\sigma}\int_{m-Z\sigma}^{m+Z\sigma} e^{-\frac{(x-m)^2}{2\sigma^2}} dx$$

令：$z=\frac{x-m}{\sigma}$，则：$dz = \frac{1}{\sigma}dx$ 所以：

$$P\{m-Z\sigma \leqslant X \leqslant m+Z\sigma\} = \frac{1}{\sqrt{2\pi}}\int_{-Z}^{+Z} e^{-\frac{z^2}{2}} dz = 2\frac{1}{\sqrt{2\pi}}\int_{0}^{Z} e^{-\frac{z^2}{2}} dz = 2\Phi(Z)$$

$\Phi(Z)$ 可由高斯函数数值积分表查得。高斯分布各区间的概率如图 2 所示。

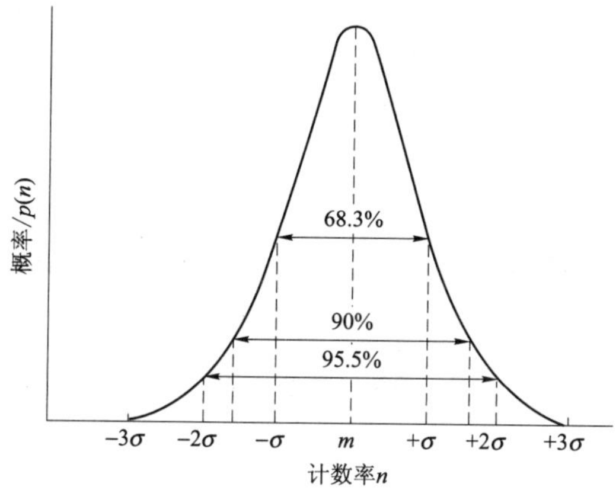

图 2　高斯分布各区间的概率

(2) 测量数据的检验

放射性衰变是否符合于正态分布或泊松分布，由一组数据的频率直方图或频率分布图与理论正态分布或泊松分布作比较，可以得到一个感性的认识。它的基本思想是比较被测对象应有的一种理论分布和实测数据分布之间的差异，然后从某种概率意义上来说明这种差异是否显著，如果差异显著，说明测量数据有问题，反之，则认为差异在某种概率意义上不显著，测量数据正常。

1) χ^2 检验法

设一组重复测量数据为 N_1、N_2、…、N_k，并设它们服从高斯分布，其数学期望值为 m，标准误差为 σ，则：

$$Z = \frac{N_i - m}{\sigma} \approx \frac{N_i - \overline{N}}{\sqrt{\overline{N}}}$$

此分布的随机变数 Z 的平方和也是一个随机变数称作 χ^2。

$$\chi^2 = \sum_{i=1}^{k} \frac{(N_i - \overline{N})^2}{\overline{N}}$$

随机变数 χ^2 也服从一种类型的分布，其分布形状大致如图 3 所示。横坐标表示变数 χ^2 的取值，纵坐标表示相应于 χ^2 值的概率密度 $P(\chi^2)$。于是可以算出随机变数 χ^2 所取的值不小于某个预定值 χ_α^2 的概率 $P(\chi^2 \geqslant \chi_\alpha^2)$，令此概率为 α，则：

$$P(\chi^2 \geqslant \chi_\alpha^2) = \int_{\chi_\alpha^2}^{\infty} P(\chi^2)\, d\chi^2 = \alpha$$

χ^2分布中有一个叫自由度的参数,实际上就是独立随机变数的个数。若在 k 个随机变数中存在着 γ 个约束条件,则自由度为 $\nu=k-\gamma$。使用中已有 α 与 χ_α^2 对应的数值表(见表 1)可查,查表时应查对应的自由度的数据。对于 N_i 个数据的 χ^2 分布,约束条件只有一个:$\sum_{i=1}^{k}(N_i-\overline{N})=\sum_{i=1}^{k}N_i-k\overline{N}=0$。所以,$\chi^2$ 服从自由度为 $\nu=k-1$ 的 χ^2 分布。若原假设成立,χ^2 随机变数服从 χ^2 分布的话,所得到的 χ^2 值应在一个合理的范围内。若 χ^2 值偏离了这个范围,则要否定原假设。用 χ^2 分布对一组测量数据的检验具体的这样进行:选定一个较小的显著水平值(0.05),由表 1 查出 $\chi_{\alpha_1}^2$ 值(置信上限),选定一个较大的显著水平值(0.95),由表 1 查出 $\chi_{\alpha_2}^2$ 值(置信下限),若 $\chi_{\alpha_2}^2<\chi^2<\chi_{\alpha_1}^2$,也就是实测数值应处于上,下置信限之间,则可以判定测量值的分布服从高斯分布,核辐射探测器工作稳定。反之,则不服从高斯分布,核辐射探测器工作不稳定。

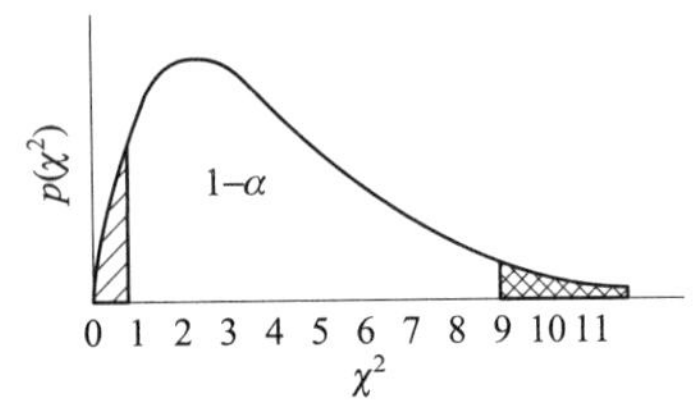

图 3 χ^2 分布的图形和 α 舍弃区间

(α 代表左侧或右侧的阴影面积)

表 1 相应三种概率下的 χ_α^2 值

α	ν													
	1	2	3	4	5	6	7	8	9	10	15	20	25	30
	χ_α^2													
0.95	0.004	0.103	0.352	0.711	1.145	1.635	2.167	2.733	3.325	3.940	7.261	10.85	14.61	16.31
0.50	0.455	1.165	2.366	3.357	4.351	5.348	6.346	7.344	8.343	9.342	14.34	19.34	23.34	29.34
0.05	3.841	5.991	7.815	9.488	11.07	12.59	14.07	15.51	16.92	18.31	25.0	31.41	37.65	43.77

2) t 检验法

检验单组数据的是否满足高斯分布(该检验法适用于小样本的情况)。假设有 K 个观测值 N_1、N_2、…、N_k 的小样本,检验它们是否服从高斯分布 $P(\alpha;\sigma)$。α 已知,σ 样本方差可求。具体的检验方法如下:计算平均值和样本方差 $\overline{N}=\frac{1}{K}\sum_i N_i$,$\sigma=\sqrt{\frac{\sum_i(N_i-\overline{N})^2}{K-1}}$;计算统计量 t $|t|=\left|\frac{\overline{N}-\alpha}{\sigma/\sqrt{K}}\right|$;由 t 分布数值查得自由度为 $K-1$,显著水平为 α 时的 $t_{1-\alpha}(K-1)$;若 $|t|=\left|\frac{\overline{N}-\alpha}{\sigma/\sqrt{K}}\right|\geqslant t_{1-\alpha}(k-1)$,则不满足高斯分布,若 $|t|=\left|\frac{\overline{N}-\alpha}{\sigma/\sqrt{K}}\right|\leqslant t_{1-\alpha}(k-1)$,则满足高斯分布。

[实验仪器]

G-M 计数管、自动定标器、前置放大器、^{90}Sr 。实验装置图如图 4 所示。

[实验步骤]

(1) 根据实验装置图连接好各仪器设备,并用自动定标器的自检信号检验仪器是否处于正常工作状态。

(2) 测量计数管坪曲线,选择计数管的合适工作条件(工作电压、合适的计数率等)。

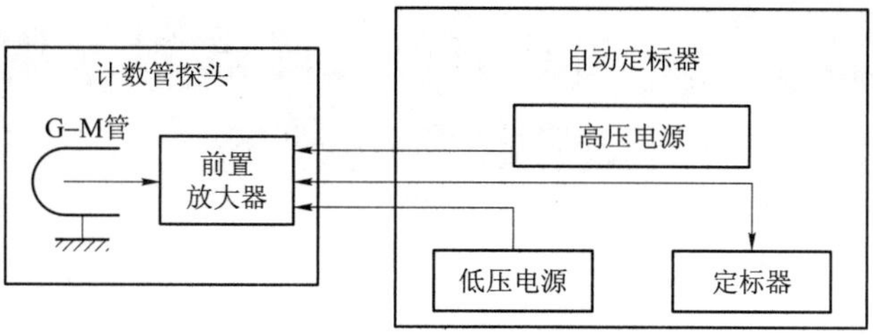

图 4 实验装置图

(3) 重复进行至少 500 次以上的独立测量(测量^{90}Sr),并算出这组数据的平均值。

(4) 测量本底计数至少 500 次以上,并算出其平均值。

(5) 数据处理,作出曲线频率直方图(计算测量数据落在 $\overline{N}\pm\sigma$ 、$\overline{N}\pm2\sigma$ 、$\overline{N}\pm3\sigma$ 范围内的频率)。

(6) 对测量数据进行 χ^2 检验和 t 检验。

[思考题]

1. 放射性原子核衰变服从什么统计规律?

2. 以单次测量值 N 来表示放射性测量值时,为什么是 $N\pm\sqrt{N}$,其物理意义是什么?

3. 为什么说以多次测量结果的平均值来表示放射性测量值时,其精确度要比单次测量值高?

实验十七　NaI(Tl)探测器对γ射线探测效率的测量

[实验目的]

1. 掌握探测效率的测量方法。
2. 理解距离的变化对探测效率的影响。
3. 掌握实验操作及调试方法。

[实验内容]

利用 NaI(Tl)探测器测量γ射线的探测效率，得出距离的变化对探测效率的影响关系。

[实验原理]

(1) γ射线与物质的相互作用

γ射线与物质的相互作用方式主要有：光电效应、康普顿散射、电子对效应。

1) 光电效应

γ光子与靶物质原子的束缚电子相互作用时，光子把全部能量转移给某个束缚电子，使之发射出去，而光子本身消失掉，这种过程称光电效应(见图1)。当入射光子能量大于 K 层电子的结合能时，从 K 壳层发射光电子的概率最大。

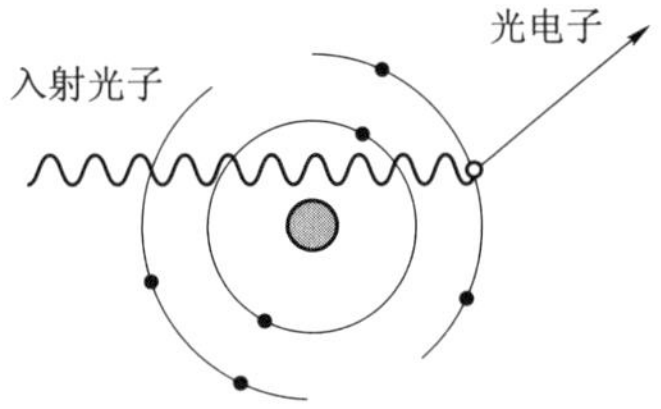

图1　光电效应

γ射线与物质相互作用发生光电效应的概率就是光电吸收截面，简称光电截面。当 $h\nu \ll m_e c^2$ 而 $h\nu > B_K$ 时，对于 K 层电子，每个原子的光电截面为：

$$\sigma_{ph} = 2^{5/2}\alpha^4\left(\frac{m_e c^2}{h\nu}\right)^{7/2} Z^5 \sigma_{th} \tag{1}$$

当 $h\nu \gg m_e c^2$ 时

$$\sigma_{ph} = 1.5\alpha^4 \frac{m_e c^2}{h\nu} Z^5 \sigma_{th} \tag{2}$$

式中，$\alpha = e^2/hc = 1/137$ 是精细结构常数；σ_{th} 是每个电子的汤姆逊散射截面，其值为：

$$\sigma_{th} = \frac{8}{3}\pi(e^2/m_e c^2)^2 = \frac{8}{3}\pi r_e^2 = 6.651 \times 10^{-25}, \mathrm{cm}^2 \tag{3}$$

由上可见 σ_{ph} 正比于 Z^5。

2) 康普顿散射

康普顿效应是γ射线(光子)与核外电子的非弹性碰撞过程。在作用过程中，入射光子的一部分能量转移给电子，使它脱离原子成为反冲电子，而光子受到散射，其运动方向和能量都发生变化，称为散射光子，如图2所示。康普顿散射发生在入射光子与物质原子核外的轨道电子之间。入射γ光子偏离

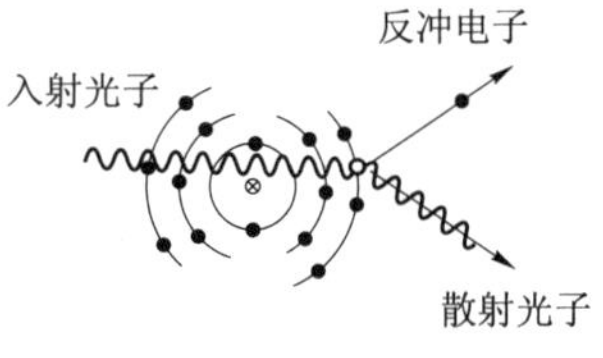

图2　康普顿散射

他原来的运动方向。散射情况因入射 γ 光子能量不同而不同。

γ 射线与物质相互作用发生康普顿散射的概率为康普顿效应截面。γ 射线对整个原子的康普顿散射的总截面为：

$$\sigma_c = Z\sigma_{c,e} \propto Z\frac{\ln 2h\nu}{h\nu} \tag{4}$$

其中，
$$\sigma_{c,e} \xrightarrow{h\nu \to 0} \sigma_{th} = \frac{8}{3}\pi r_0^2 \quad (h\nu \ll m_0c^2)$$

$$\sigma_{c,e} = \pi r_0^2 \frac{m_0c^2}{h\nu}\left(\ln\frac{2h\nu}{m_0c^2} + \frac{1}{2}\right) \quad (h\nu \gg m_0c^2) \tag{5}$$

其中，$r_0 = \dfrac{e^2}{m_0c^2}$ 。

3）电子对效应

电子对效应是当入射 γ 射线（光子）能量较高（大于 1.022 MeV）时，当它从原子核旁经过时，在核库仑场的作用下，入射光子转化为一个正电子和一个电子的过程（见图 3）。

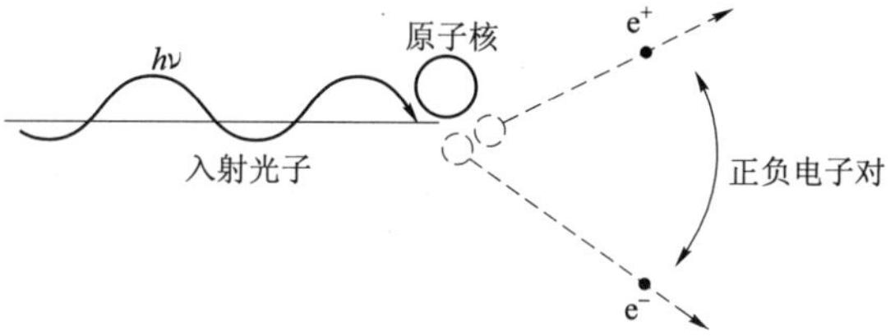

图 3 电子对效应

γ 射线与物质原子发生电子对效应的作用截面为：

当 $2m_ec^2 < h\nu < 137m_ec^2Z^{-1/3}$ 时：

$$\sigma_P = \frac{Z(Z+1)r_e^2}{137}\left[\frac{28}{9}\ln\left(\frac{2h\nu}{m_ec^2}\right) - \frac{218}{27}\right] \tag{6}$$

当 $h\nu > 137m_ec^2Z^{-1/3}$ 时：

$$\sigma_P = \frac{Z(Z+1)r_e^2}{137}\left[\frac{28}{9}\ln\left(\frac{183}{Z^{1/3}}\right) - \frac{2}{27}\right] \tag{7}$$

γ 射线与物质原子作用的总截面为：$\sigma_r = \sigma_{ph} + \sigma_c + \sigma_p$ 。

(2) 探测效率

探测效率通常可以分为两大类：即源探测效率和本证探测效率。源探测效率（也称为绝对探测效率）的定义是：

$$\varepsilon_s = \frac{\text{记录的脉冲数}}{\text{放射源发射的 } \gamma \text{ 光子数}} \tag{8}$$

它与探测器性能和几何条件有关。为了更好地描述探测器本身的性能常用本征探测效率或本征效率，它的定义是：

$$\varepsilon_{in} = \frac{\text{记录的脉冲数}}{\text{射到探测器灵敏体积的 } \gamma \text{ 光子数}} \tag{9}$$

本征效率取决于探测器材料，γ 光子能量和探测器本身在入射方向上的物理厚度。与源和探测器之间的几何条件无关。

对于各向同性的放射源，且当物质减弱因子可忽略时两种探测效率之间的关系有：

$$\varepsilon_s = \varepsilon_{in} \cdot \frac{\Omega}{4\pi} \tag{10}$$

式中：Ω 是探测器的灵敏体积对源所张的立体角。对于点源：

$$\Omega = 2\pi\left(1 - \frac{h}{\sqrt{h^2 + r^2}}\right) \tag{11}$$

式中：h 为源到探头的垂直距离；r 为探头半径。

根据记录事件的性质可将探测效率分为：总效率、源峰探测效率 ε_{sp}、本征峰探测效率 ε_{inp}，他们的定义是：

$$\varepsilon_{sp} = \frac{\text{全能峰内的计数}}{\text{放射源发射的}\ \gamma\ \text{光子数}} \tag{12}$$

$$\varepsilon_{inp} = \frac{\text{全能峰内的计数}}{\text{射到探测器灵敏体积内的}\ \gamma\ \text{光子数}} \tag{13}$$

同样：

$$\varepsilon_{sp} = \varepsilon_{inp} \cdot \frac{\Omega}{4\pi} \tag{14}$$

用谱分析求探测效率，常采用源峰效率。

(3) 影响探测效率的因素

影响探测效率的因素主要有几何条件、物质衰减系数、射线与物质作用概率、记录效率。

1) 几何条件

进入探测器灵敏体积的那个立体角内的射线才有可能被记录下来(不考虑散射的影响)。

2) 物质衰减系数

射线从放射源发出往往要穿过源的包装材料、空气、探测器的外壳等才能到达灵敏区。射线在这些物质中的衰减程度，会影响射线与探测介质作用的数量，对于 γ 射线基本可以忽略。

3) 射线与物质作用概率

γ 射线到达灵敏体积后与探测介质发生相互作用，形成次级带电粒子，然后再使探测介质激发或电离。探测介质的材料和尺寸不同，产生次级带电粒子的概率也不同，因而探测效率也不同。探测介质的原子序数越高，所含材料越多，探测 γ 射线的效率也就越高。

4) 记录效率

在探测元件中形成了信号以后并不一定能被记录下来。甄别阈的高低、探测器的死时间等都会影响计数的损失。

(4) 仪器工作原理

1) 闪烁探头

它包括 NaI(Tl)晶体和光电倍增管。外壳一般用薄铝做成，分压器和射极跟随器也装在铝壳中。有时尚有倒相器，以使探头同时可有正、负二种极性脉冲输出。外壳要求对光密闭。在强磁场附近工作尚需要内衬坡莫台金作磁屏蔽，以防止外磁场漏入光电倍增管而影响输出脉冲幅度和分辨率。

2) 高压电源

供光电倍增管用的高压电源，一般要求在 200～2 500 V 可调，供给电流在 1 mA 左右。高压稳定性 $\Delta V_h/V_h$ 应在 0.05%左右。

3）线性放大器

一般光电倍增管阳极负载上电压脉冲幅度为十毫伏至数百毫伏，故需经放大，以和脉冲幅度分析器的分析电压范围相匹配。一般分析器工作范围为0.1～10 V，所以应适当地调节放大倍数，使脉冲幅度能充分利用这一工作区域，放大倍数过小或过大都是不利的。为了与NaI(Tl)的发光衰减时间相配合，放大器的上升时间应优于0.1 μs。另外，要求放大器的线性良好，即输出和输入脉冲幅度能成正比地放大。

4）脉冲幅度分析器

分为单道分析器和多道分析器。单道分析器是逐点改变甄别电压进行计数，测量既不方便，又费时。多道分析器则相当于数百个单道分析器同时对不同幅度的脉冲进行计数，因此一次测量可得到整个一条能谱曲线，既可靠方便，又省时。使用微机多道系统，则不仅可以测量Y谱，还可以方便地对增进行分析和处理。

闪烁探测器的工作过程：1)辐射射入闪烁体使闪烁体原子电离或激发，受激原子退激而发出波长在可见光波段的荧光。2)荧光光子被收集到光电倍增管(PMT)的光阴极，通过光电效应打出光电子。3)电子在光电倍增管中运动并倍增，并在阳极输出回路输出信号。

［实验仪器］

^{137}Cs-γ辐射源（5 μCi）、^{60}Co辐射源（5 μCi）、1.5 kV高压电源、BH1220自动定标器、4096ADC、放大器、单道分析器、多道分析器、示波器、探头、激光笔。实验仪器装置图如图4所示。

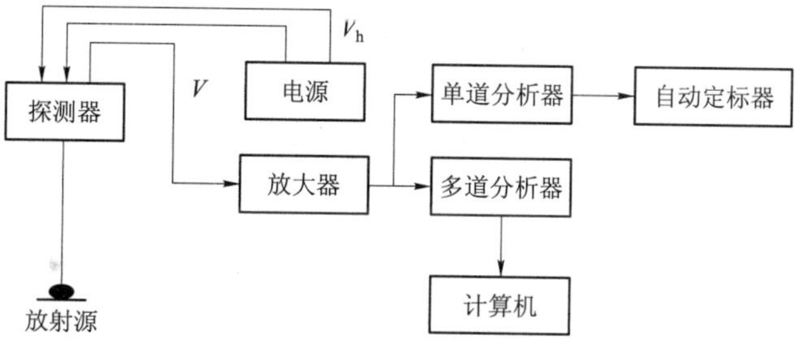

图4　实验装置图

［实验步骤］

（1）根据实验装置图连接好电路，开机预热30 min。

（2）用示波器观察^{137}Cs及^{60}Co的脉冲波形，调节并固定光电倍增管的高压。

（3）调节放大器的放大倍数，使^{137}Cs 0.662 MeV的γ射线的全能峰落在合适的甄别阈位置上(4 V)，若选择1 024道，则使^{137}Cs 0.662 MeV γ射线的全能峰峰位在331道左右。

（4）能量刻度，利用^{137}Cs及^{60}Co对谱仪进行能量刻度。

（5）改变源与探头的距离，采集γ源的能谱，记录全谱的计数及全能峰的计数。（注意：利用激光笔使源的中心位置与探头的中心位置对准）

（6）采用计数法测量

1）高压、放大倍数的调节方法同2与3步。阈值调节：首先，不输入信号至定标器，调节其阈值使之计数为0；然后探头信号不输入放大器，将放大器，单道分析器，定标器连接好，调节单道阈值，使其计数为0。

2）测量本底计数。

3）改变源与探头的距离，测量计数。

(7) 数据处理及误差分析。

[思考题]

1. 距离变化是如何影响探测效率的？

2. 能谱法与计数法测量探测效率的优缺点分别有哪些？

3. 实验中全能峰左右边界道址的选取对探测效率有影响吗？为什么？

核技术应用实验

实验十八　低本底多道 γ 能谱仪分析建材样品中的放射性

[实验目的]

1. 掌握样品的制样方法。
2. 掌握低本底 γ 能谱法测量建材样品中放射性的方法。

[实验内容]

1. 低本底放射性样品的制备。
2. 低本底多道 γ 能谱仪的使用方法。
3. 低本底多道 γ 能谱仪测量建材样品中的放射性。

[实验原理]

国家标准 GB 6566—2001《建筑材料放射性核素限量》规定了建筑材料中天然放射性核素 ^{226}Ra、^{232}Th、^{40}K 放射性比活度的限量和试验方法。根据国家标准 GB 6566—2001《建筑材料放射性核素限量》的规定，其中有 3 种指数指标比较重要，也是本次实验主要测量的 3 个主要参数。

(1) 放射性比活度

某种核素的放射性比活度是指：物质中的某种核素的放射性活度除以该物质的质量而得的商。

$$C = \frac{A}{m} \tag{1}$$

式中：C 为放射性比活度，$Bq \cdot kg^{-1}$；A 为核素放射性活度，Bq；m 为物质的质量，kg。

(2) 内照射指数

内照射指数是指建筑材料中天然放射性核素 ^{226}Ra 的放射性比活度，除以标准规定的限量而得的商。

$$I_{Ra} = \frac{C_{Ra}}{200} \tag{2}$$

式中：I_{Ra} 为内照射指数；C_{Ra} 为建筑材料中天然放射性核素 ^{226}Ra 的放射性比活度，$Bq \cdot kg^{-1}$；200 为仅考虑内照射情况下，本标准规定的建筑材料中天然放射性核素 ^{226}Ra 的放射性比活度，$Bq \cdot kg^{-1}$。

(3) 外照射指数

外照射指数是指：建筑材料中天然放射性核素 ^{226}Ra、^{232}Th、^{40}K 放射性比活度分别除以其各自单独存在时本标准规定限量而得的商之和。

$$I_r = \frac{C_{Ra}}{370} + \frac{C_{Th}}{260} + \frac{C_K}{4\ 200} \tag{3}$$

式中：I_r 为外照射指数；C_{Ra}、C_{Th}、C_K 分别为建筑材料中天然放射性核素 ^{226}Ra、^{232}Th、^{40}K 放射性比活度，$Bq \cdot kg^{-1}$；370、260、4 200 分别为仅考虑外照射情况下，本标准规定的建筑材料中天然放射性核素 ^{226}Ra、^{232}Th、^{40}K 在其各自单独存在时本标准规定的限量，$Bq \cdot kg^{-1}$。

其中建筑材料放射性核素限量值如表 1 所示。

表 1　建筑材料放射性核素限量值

测定项目	建筑主体材料	装饰材料		
		A 类	B 类	C 类
内照射指数	≤1.0	≤1.0	≤1.3	
外照射指数	≤1.0	≤1.3	≤1.9	≤2.8

注：1. A 类装修材料，装修材料中天然放射性核素 ^{226}Ra、^{232}Th、^{40}K 放射性比活度同时满足 $I_{Ra}\leq 1.0$ 和 $I_r\leq 1.3$ 要求的为 A 类装修材料。A 类装修材料其产销与适用范围不受限制；

2. B 类装修材料，不满足 A 类装修材料要求但同时满足 $I_{Ra}\leq 1.3$ 和 $I_r\leq 1.9$ 要求的为 B 类装修材料。B 类装修材料不可用于 A 类民用建筑的内饰面，但可用于 A 类民用建筑的外饰面及其他一切建筑物的内、外饰面；

3. C 类装修材料，不满足 A、B 类装修材料要求但同时满足 $I_r\leq 2.8$ 要求的为 C 类装修材料。C 类装修材料只可用于建筑物的外饰面及室外其他用途；

4. $I_r>2.8$ 的花岗石只可用于碑石、海堤、桥墩等人类很少涉及的地方。

[仪器工作原理]

该仪器主要用于测量样品中天然放射性核素的比活度。工作原理框图如图 1 所示，被测量样品中的放射性 γ 射线进入探头形成电脉冲信号，该电脉冲信号的幅度与 γ 射线的能量成正比，信号经放大器放大成型和 ADC 变换后送入计算机处理得到样品的多道 γ 能谱，此样品 γ 能谱中含有多种放射性核素，但主要是天然放射性 ^{226}Ra、^{232}Th、^{40}K。即测得的样品的 γ 能谱是一个混合谱，本质是上可认为是由 ^{226}Ra、^{232}Th、^{40}K 的单一核素谱按一定比例线性相加而成。本仪器通过用 ^{226}Ra 源、^{232}Th 源、^{40}K 源对系统进行刻度，把这 3 种核素的 γ 能谱作为标准谱存入分析软件库中，利用标准谱数据，通过最小二乘法拟和解谱的办法把样品 γ 混合谱解成单一的核素能谱，从而分析出样品中所含核素种类及核素比活度。此测量方法属相对测量，因此实际测量条件应与仪器刻度的条件一致，仪器刻度的主要参数是探头的高压、放大器的放大倍数、ADC 的零点、上下阈值等参数，仪器刻度条件见附录。

实际测量时，仪器的设置参数要与刻度时保持一致，样品盒的尺寸也应该与标准源的一样，测量的几何条件也要一致。否则将带来很大的系统偏差。

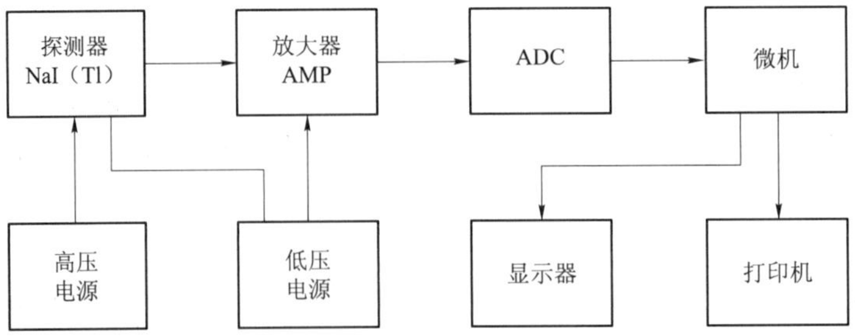

图 1　系统工作原理图

[实验仪器]

BH1936 低本底多道 γ 能谱仪、^{226}Ra、^{232}Th、^{40}K 及其混合标准源、样品。

[实验步骤]

1. 磨样、制样

1）将样品用粉碎机粉碎，用磨样机磨细并过 80 目筛。

2）样品烘干，使前后的质量差低于 1 mg。

3）将烘干的样品装入样品盒，并称量样品的质量。

4）制好的样品放置 15 天左右。

2. 测量

（1）仪器参数检查

打开 220 V 电源的电源插座的开关，打开计算机，进入 WIN98 后双击桌面上的“Amca 图标”，启动 Amca 谱获取程序。如图 2 所示。

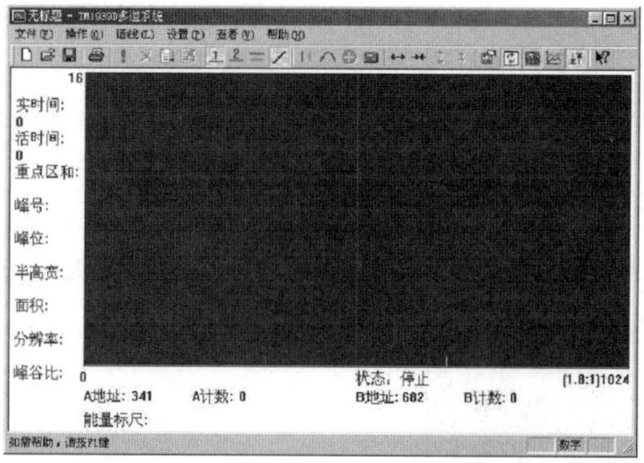

图 2

单击“设置”，单击“选项”，出现“系统设置”对话框，如图 3、图 4 所示。

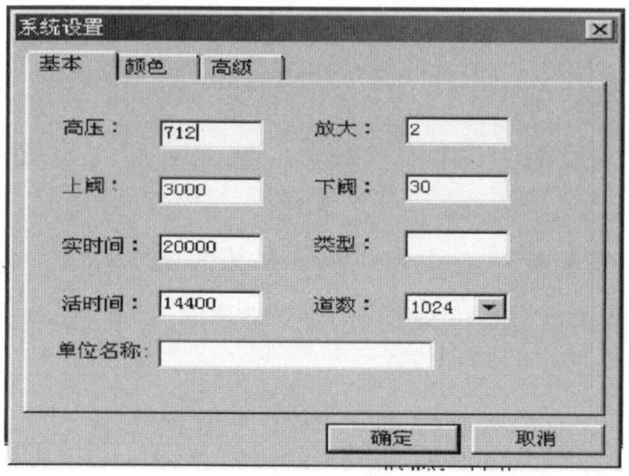

图 3

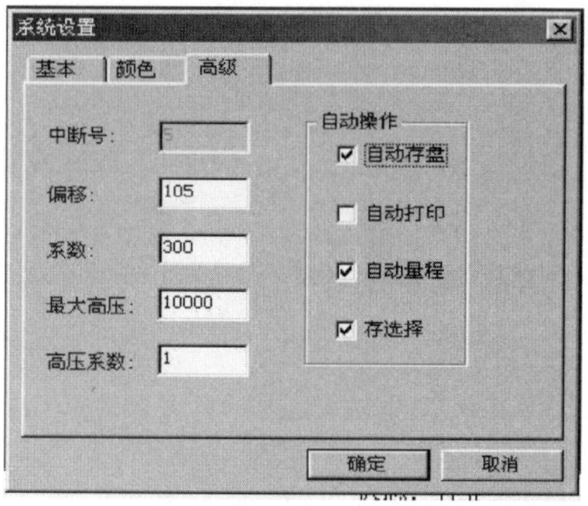

图 4

检查谱仪的参数应该和附录的刻度条件一致，否则应进行修改。

（2）仪器预热

谱仪参数检查完毕后，设置“测量活时间”，预热时间一般为 2h，即 7 200 s，在活时间编辑框中输入 7 200 s。

单击“操作”，单击“开始”，开始预热。

(3) 峰位检查

1) 预热 1～2 h 后,单击“操作”,单击“停止”,停止测量。

2) 打开铅室上盖,把钾源(^{40}K)放在探头表面的中间位置。

3) 单击“操作”,单击“开始”,开始测量峰位,120 s 后,单击“操作”,单击“停止”。

4) 把红白光标卡在^{40}K 峰两边,单击“设置”,单击“通用测量”。

5) 单击“操作”,单击“求峰”,系统自动计算峰位,峰位值在谱获取软件窗口左边“峰位”下面显示出来。

6) 峰位值如果在 460±5 范围内,跳过下面的步骤,直接进行样品测量。

7) 峰位值如果不在 460±5 范围内,应该固定高压,微调放大倍数(按 0.01 倍增减,然后重复步骤 2～6),使峰位在这个范围。

8) 标定完峰位后,单击“设置”,单击“NAI 测量”。

(4) 本底谱及标准谱的测量

1) 本底谱的测量

关闭铅室上盖,双击桌面的“Amca 图标”,启动谱获取程序,如下图 5 所示,单击“设置”,单击“选项”出现参数设置菜单,如图 6 所示。

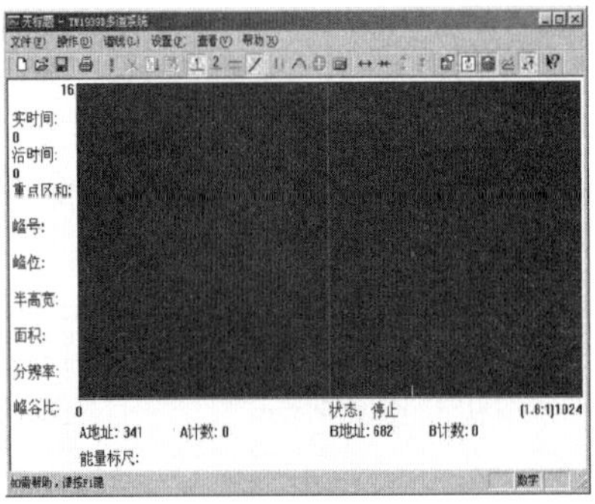

图 5

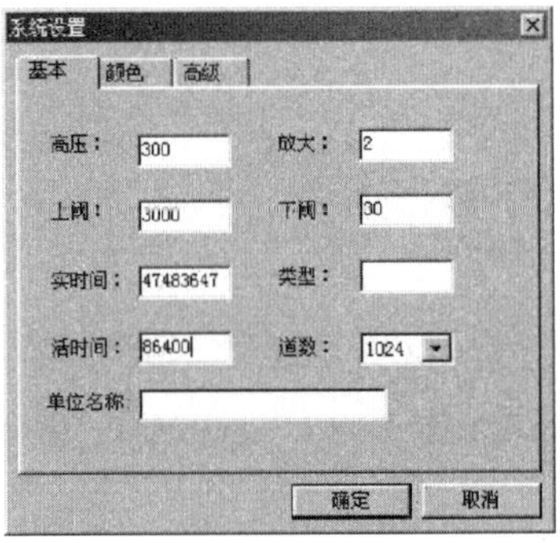

图 6

设置测量活时间,在活时间编辑框内输入本底测量时间,本底谱一般测量时间设置为 6 h,即 21 600 s。

单击“操作”,单击“开始”,或者单击快捷工具栏的第五个图标,开始测量本底。

设置测量时间到后,系统自动停止测量。单击“文件”,系统弹出文件操作对话框,如图 7 所示。

单击“保存”,系统弹出文件保存对话框,在“保存在”栏中选择文件保存位置为 D:\BH1936,在“文件名”中输入本底谱的文件名 bd031209(注意:谱文件的命名最后在谱名称后面加上测量时间,这样该谱的测量时间一目了然),如图 8 所示。单击“保存”退出。

2) ^{40}K 标准谱的测量

打开铅室上盖,放入^{40}K 标准源,关严铅室上盖。双击桌面的“Amca 图标”,启动谱获取程序。单击“设置”,单击“选项”,出现“系统设置”对话框,如图 9 所示。设置测量“活时间”,标准谱一般测量时间设置为 6 h,即 21 600 s,在活时间编辑框中输入 21 600 s。单击“确定”退出。单击“操作”,单击“开始”,开始测量标准谱。

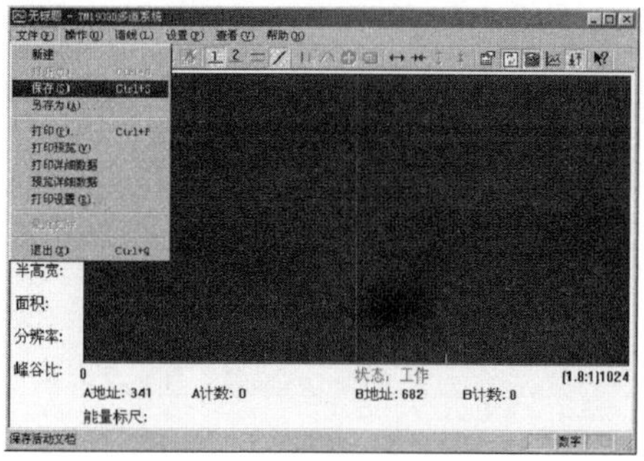

图 7

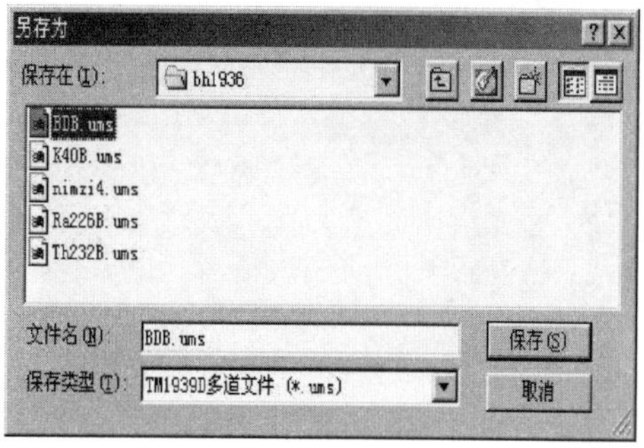

图 8

设置测量时间到后，自动停止测量。单击“文件”，单击“保存”，系统弹出文件保存对话框，在“保存在”中选择文件保存位置为 D:\BH1936，在“文件名”中输入标准谱的文件名 K40031210（注意：谱文件的命名最后在谱名称后面加上测量时间，这样该谱的测量时间一目了然），如图 10 所示，单击“保存”退出。

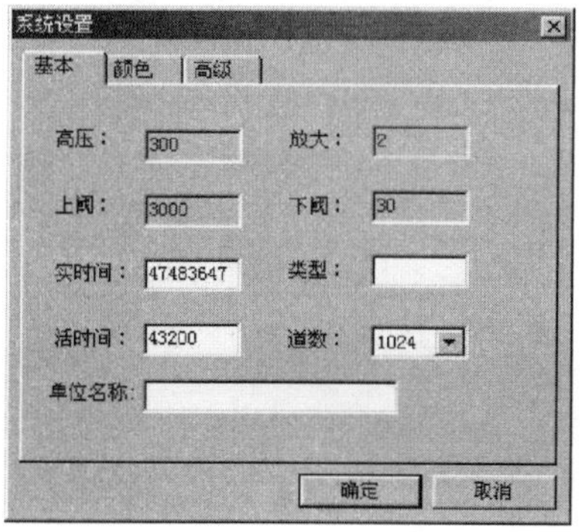

图 9

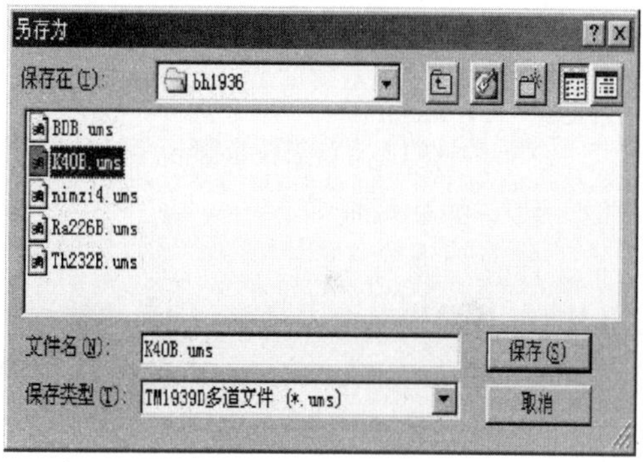

图 10

3) ^{226}Ra、^{232}Th 标准谱的测量

测量方法同^{40}K 标准谱的测量。

(5) 样品测量

测量方法同标准谱的测量。

3. 谱分析

(1) 建立标准库

1) 删除库中的原有核素

双击桌面谱分析程序 WINNAI 图标，启动谱分析程序，如图 11 所示，单击“建库”，单击“删除核素”，系统弹出文件删除核素对话框，如图 12 所示。

单击库中核素编号，如单击核素^{232}Th 的编号 3，系统弹出确认删除对话框，如图 13 所示，单击“是(Y)”，删除该核素，屏幕显示已没有此核素(^{232}Th)，如图 14 所示。按照上述步骤依次删除库中所有其他核素。最后单击“退出”，关闭删除核素对话框，此时屏幕显示库中的原本底谱，如图 15 所示。

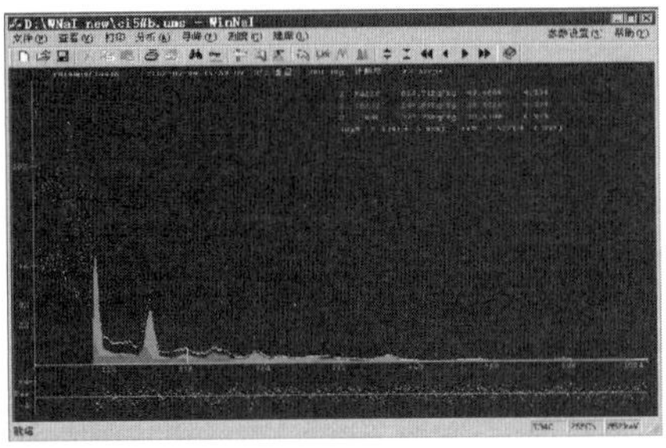

图 11

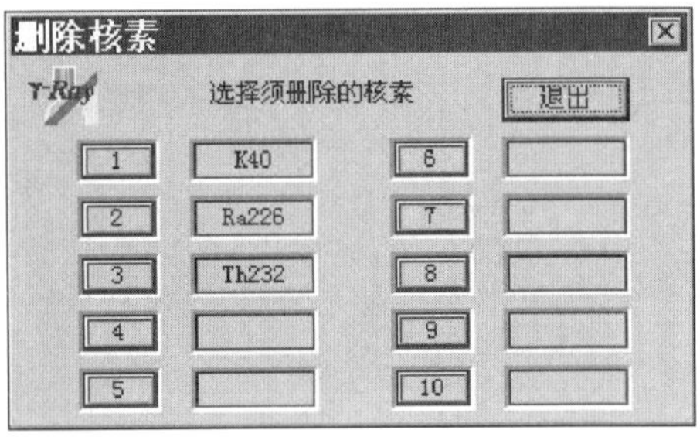

图 12

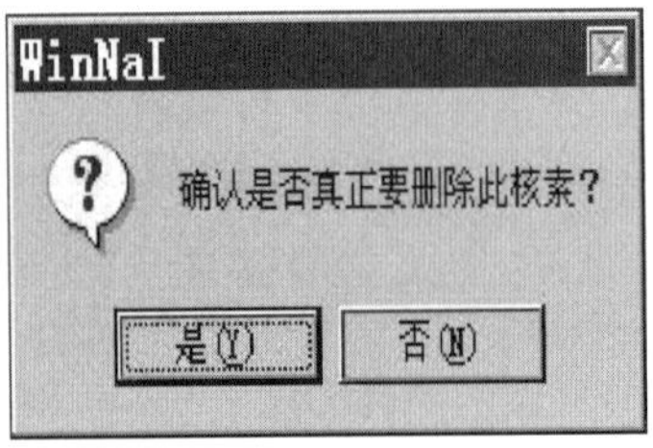

图 13

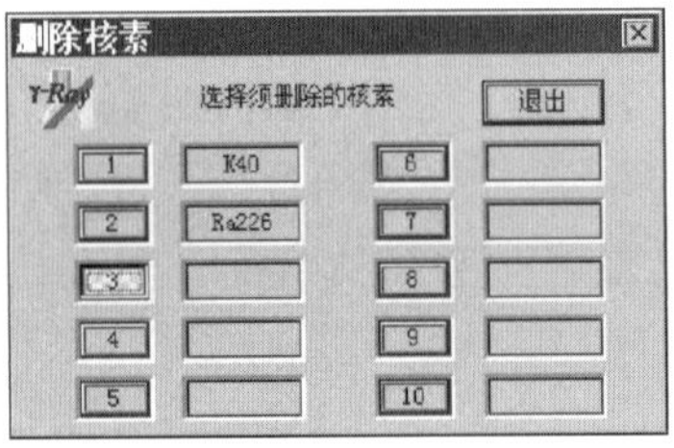

图 14

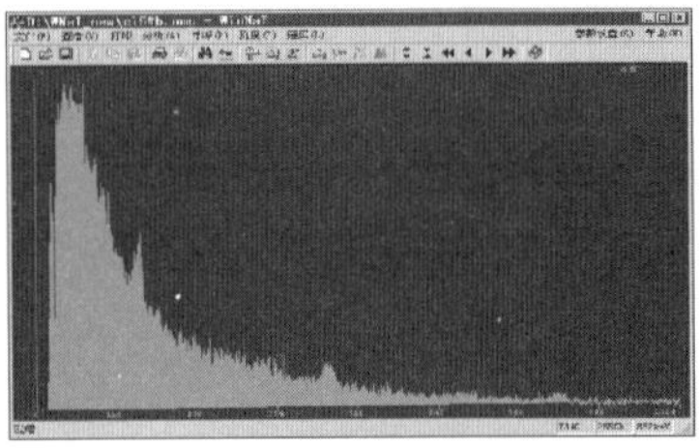

图 15

注意：库中的本底谱不能删除，只能用保存本底谱的方法更新。

2）建立基本核素库

① 保存本底谱

注意：必须先保存本底谱，然后才能增加核素据到库中，因为建库程序自动将测得的单核素标准谱数据扣除本底后，经过归一化处理存入数据库中。注意：决不可强行删除此文件，也不可强行替换此文件，否则将导致软件不能正常运行。

保存本底谱步骤如下：单击“建库”，单击“保存本底谱”，系统弹出如图 16 所示对话框，选中本底谱文件(**注意：一般命名为 BD＋时间 .UMS**)，单击打开，完成本底谱保存工作，此时库中自动更新为新保存的本底谱。屏幕显示新保存的本底谱，如图 17 所示。

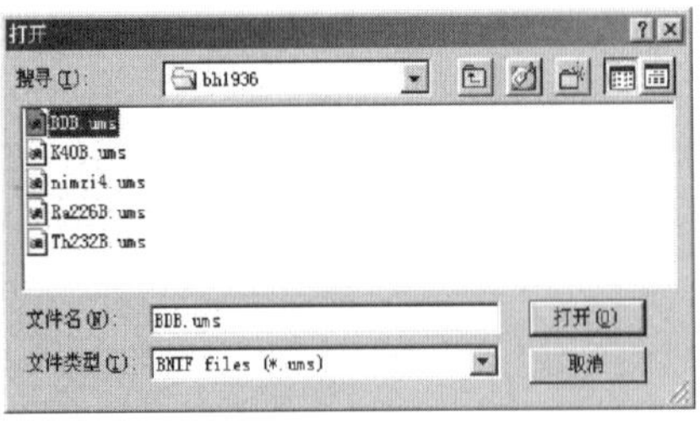

图 16

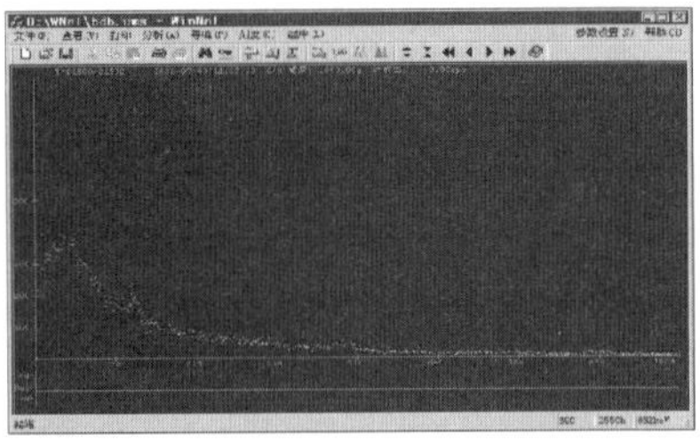

图 17

② 增加核素

• 增加^{40}K 核素

点击菜单中的“建库”，单击“增加核素”，系统弹出增加核素对话框，如图 18 所示，选中^{40}K 核素的标准谱数据文件^{40}K(**注意：^{40}K 标准谱一般保存为^{40}K＋时间 .UMS 文件**)，单击打开，系统弹出建库对话框，如图 19 所示。在核素名、标准源比活度、比活度不确定度、标准源重量输入框中依次输入^{40}K(**注意:不要输入^{40}K+时间,否则程序可能出错**)、^{40}K 的比活度值(Bq/kg)、^{40}K 标准源的不确定度(**注意:证书给出的不确定度是 $K=3$ 的值,把该值除以 3 后即为 $K=1$ 的不确定度**)及^{40}K 标准源的实际重量。输入完毕后,单击确认完成^{40}K 核素添加,屏幕显示库中添加了^{40}K 核素及本底谱,如图 20 所示。

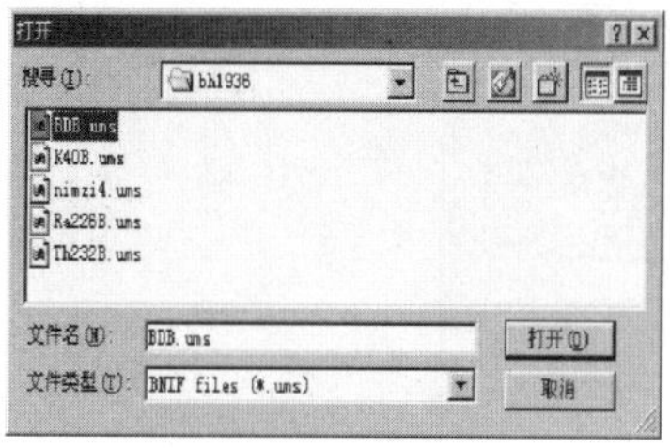

图 18

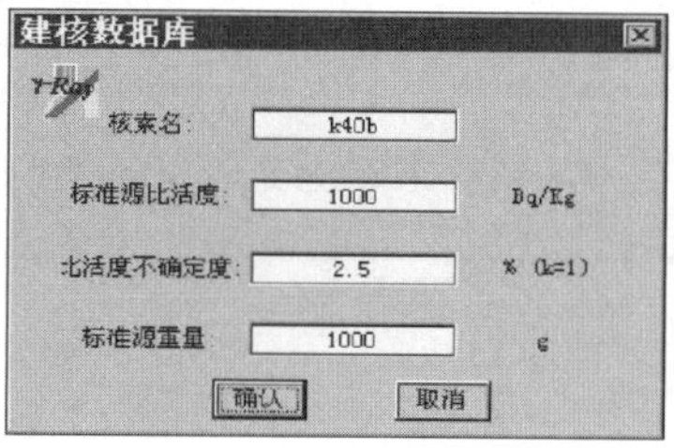

图 19

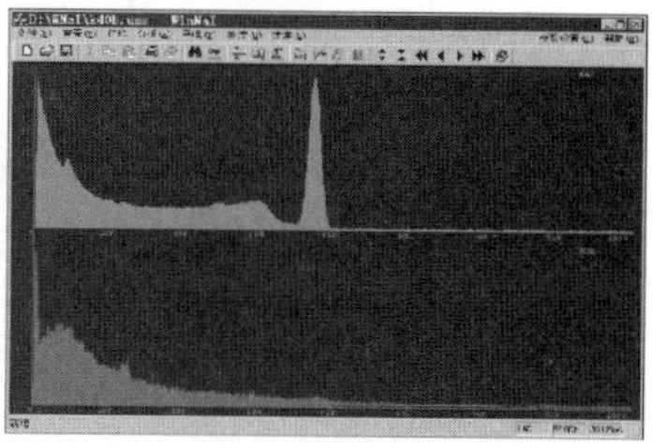

图 20

- 增加^{226}Ra、^{232}Th 核素

方法同增加^{40}K 的方法。

输入完毕后,单击"确认",屏幕显示库中添加核素后核素库中已有的核素标准谱(^{40}K、^{226}Ra、^{232}Th)及本底谱,如图 21 所示。

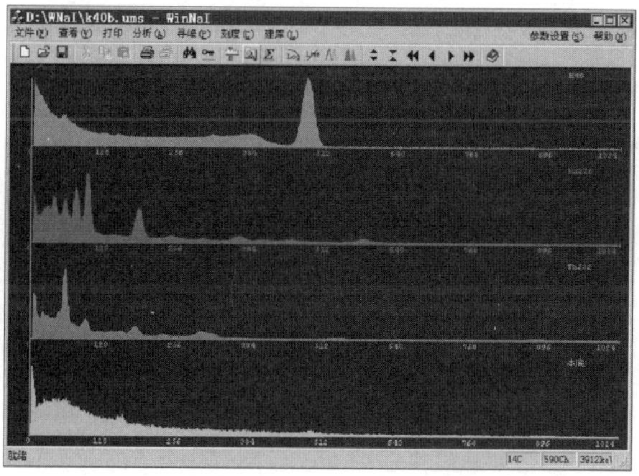

图 21

(2) 参数检查

每次分析前应检查分析软件参数是否正确,具体方法是单击"参数设置",出现图 22 所示对话框。分析区间由标准源确定,具体见附录仪器刻度条件。测试所名由用户自己填写具体的名称。其他参数同对话框所示。

(3) 打开样品谱文件

单击"文件",单击"打开",系统弹出打开文件对话框,如图 23 所示。选中要分析的样品谱文件,单击"打开"。

(4) 分析

单击"分析",系统弹出输入样品重量的对话框,如图 24 所示。在对话框中输入被测样品的质量(g),单击"OK"。接着系统弹出是否打印报告的对话框,如图 25 所示。默认选择为“是(Y)”(打印),根据需要选择是或否。然后系统自动分析计算,分析结果在屏幕的右上方显示出来,如图 26 所示。

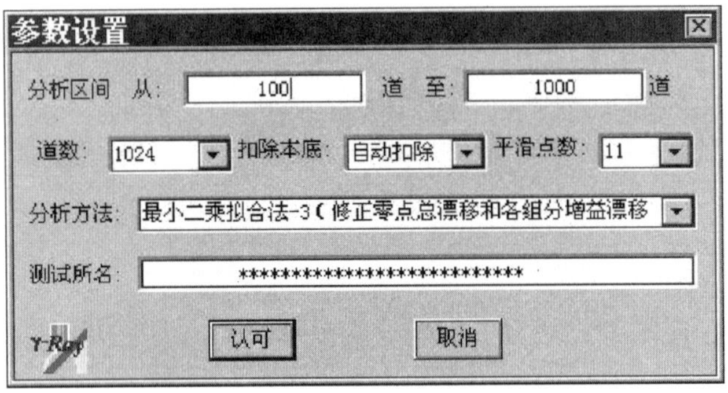

图 22

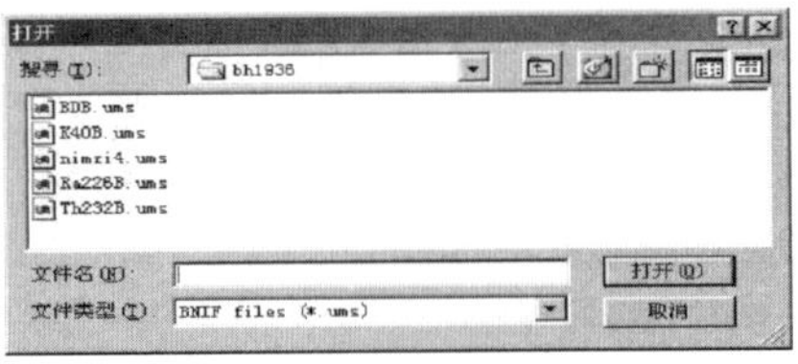

图 23

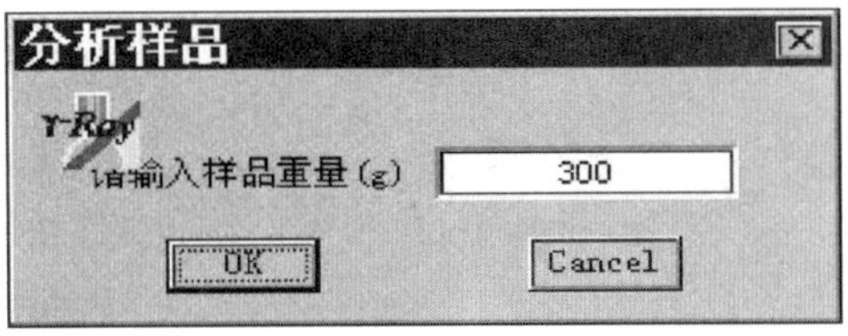

图 24

图 25

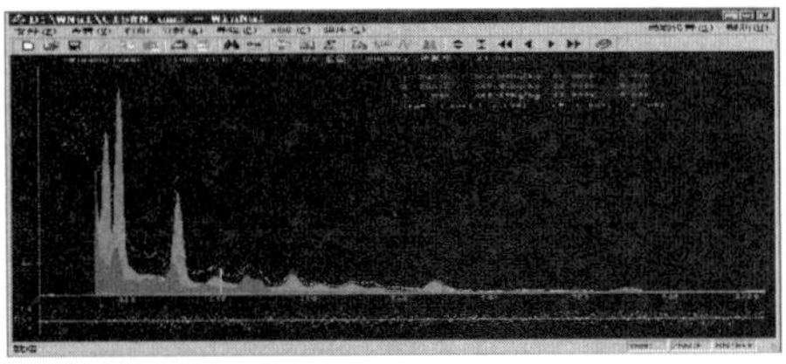

图 26

(5) 打印分析报告

单击“打印”,单击“打印报告”,系统弹出是否打印对话框,如图 27 所示。单击“是(Y)”(打印)。系统弹出打印报告,如图 28 所示。

图 27

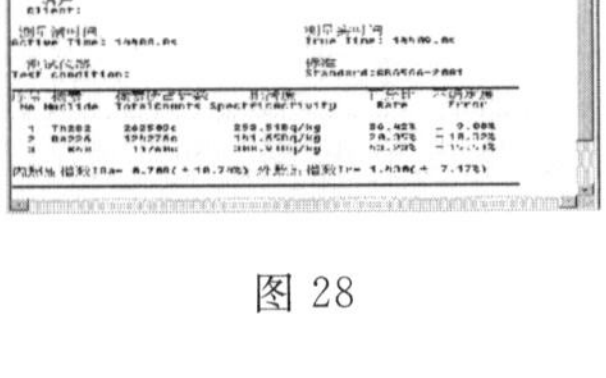

图 28

4. 关机

测量分析完毕后应关闭仪器,注意关机的顺序:先关闭计算机,然后关闭 220 V 电源的输出插座电源开关。

[注意事项]

1. 探测器 NaI(Tl)闪烁探测器请不要自行拆动，避免震动、受潮，更不要在温度梯度大的场合使用。

2. 本实验为低本底测量仪器，探头是核心测量部件，注意不要测量强放射性的样品，也不要使探头受到核污染。

3. 本仪器的长期稳定性主要受环境温度、湿度影响，注意房间里温度、湿度的稳定性。

[思考题]

1. 实验测量过程中不确定度的来源主要有哪些？

2. 为什么温度、湿度的变化大，会影响测量的结果？

3. 实验中的误差来源主要有哪些？

[附注]

1. 标准源单核素不确定度：^{226}Ra 为 2.3，^{232}Th 为 2.2，^{40}K 为 2.2；

2. 混合源不确定度：^{226}Ra 为 2.5，^{232}Th 为 2.3，^{40}K 为 2.0。

实验十九　验证距离平方反比律实验

[实验目的]

1. 掌握放射性统计数据测量时最佳时间的选择。
2. 知道运用线性最小二乘法拟合实验数据，验证距离平方反比律。
3. 熟练使用实验平台及示波器。

[实验内容]

1. 利用示波器观察核技术应用实验平台输出的脉冲信号与方波信号的波形。
2. 利用核技术应用实验平台验证距离平方反比律。

[实验原理]

在放射性测量中，为了使实验数据达到一定精度，必须根据放射源及本底计数率的实际情况，结合某些客观条件（如探测器效率及测量时间的限制），优化实验方案；在给定时间内测量结果误差最小，或在给定误差下测量时间最短。为得到可靠的实验结果，还需要进行数据分析和处理。

(1) γ 射线强度随距离的变化关系——平方反比律

设有一点源（指源的线度远小于源到观测点的距离），各向同性地发射 γ 光子。若单位时间发射的光子数为 n_0，则在以点源为球心，以 R 为半径的球面上，单位时间内将有 n_0 个光子穿过（设空间内无辐射吸收与散射等）。因此，在离源 R 处，单位时间、单位面积上通过的 γ 光子数为：

$$n=\frac{n_0}{4\pi R^2}=\frac{C}{R^2} \tag{1}$$

式(1)中，对于一定的源强，$C=\dfrac{n_0}{4\pi}$ 为常数。可见，$n\propto\dfrac{1}{R^2}$，即距离平方反比律。

显然，在测量中，探测器的灵敏体积始终位于源对探测器所张的立体角内时，测得的净计数率 n 也应与 R^2 成反比。即有：

$$n=\frac{C'}{R^2} \tag{2}$$

式(2)中，C' 为常数。因此，验证平方反比律的问题在实验上就归结为测量 n 与 R 的关系。怎样才能在一定的实验条件下，在给定时间内测量结果误差最小，或在给定误差下测量时间最短？下面就此进行讨论。

(2) 按照实验精度要求合理分配计数时间

在每次测量的计数中都包括有本底计数，而且在本实验中，随着距离 R 的不同，本底计数在测量的计数中占的比例也不同。设测量本底的时间为 t_b，在 t_b 内测得的计数为 N_b，在 t_s 时间内，有样品时，测的计数（其中包括本底计数）为 N_s，则样品的净计数率为：

$$n_0=n_s-n_b=\frac{N_s}{t_s}-\frac{N_b}{t_b} \tag{3}$$

净计数率的统计误差为：

$$\sigma_{n_0}=\sqrt{\frac{N_s}{t_s^2}+\frac{N_b}{t_b^2}}=\sqrt{\frac{n_s}{t_s}+\frac{n_b}{t_b}} \tag{4}$$

净计数率的相对统计误差为：

$$\nu_{n_0}=\frac{1}{n_0}\sqrt{\frac{N_s}{t_s^2}+\frac{N_b}{t_b^2}}=\frac{1}{n_s-n_b}\sqrt{\frac{n_s}{t_s}+\frac{n_b}{t_b}} \tag{5}$$

因此，测量结果可写成：

$$n_0\pm\sigma_{n_0}=(n_s-n_b)\pm\sqrt{\frac{n_s}{t_s}+\frac{n_b}{t_b}} \tag{6}$$

在计数测量中为了保证一定的精密度，为了减小统计误差，须合理分配本底和样品测量时间以便在规定时间 T 内使测量结果误差最小。

因为，$\sigma_{n_0}=\sqrt{\dfrac{n_s}{t_s}+\dfrac{n_b}{t_b}}$

$T=t_s+t_b$

$t_b=T-t_s\quad \dfrac{d}{dt_s}\left(\dfrac{n_s}{t_s}+\dfrac{n_b}{T-t_s}\right)^{1/2}=0\Rightarrow\dfrac{t_s}{t_b}=\sqrt{\dfrac{n_s}{n_b}}$

所以，$t_s=\dfrac{\sqrt{n_s/n_b}}{1+\sqrt{n_s/n_b}}T=\dfrac{\sqrt{n_s}}{\sqrt{n_s}+\sqrt{n_b}}T$

$t_b=\dfrac{1}{1+\sqrt{n_s/n_b}}T=\dfrac{\sqrt{n_b}}{\sqrt{n_s}+\sqrt{n_b}}T$

实验时先用较少的时间测出两个计数率的大约比值。在最佳时间分配下测量结果的最小相对方差为：

$$\nu_{n_0}^2=\left[\frac{1}{n_s-n_b}\sqrt{\frac{n_s}{t_s}+\frac{n_b}{t_b}}\right]^2=\frac{1}{Tn_b(\sqrt{n_s/n_b}-1)^2} \tag{7}$$

在 $\nu_{n_0}^2$ 给定的情况下所需最小测量时间为：

$$T_{\min}=\frac{1}{n_b\nu_{n_0}^2(\sqrt{n_s/n_b}-1)^2} \tag{8}$$

如果要求测量有一定的精度 ν_{n_0}，解以上联立方程得：

$$t_s=\frac{n_s+(n_s\cdot n_b)^{1/2}}{(n_s-n_b)^2\nu_{n_s}{}^2}$$
$$t_b=\frac{n_b+(n_s\cdot n_b)^{1/2}}{(n_s-n_b)^2\nu_{n_s}{}^2} \tag{9}$$

在本实验中，源的净计数率 n 随着源与探头间距离 R 的增加而很快衰减，本底计数率 n_b 随 R 的变化则不大。因此，对应于不同的 R，n_s 与 n_b 的比例将不同，必须根据式(8)求出相应的 T，并按式(9)分配 t_s 与 t_b，以获得给定精度下的测量数据。

(3) 用等精度最小二乘法处理数据

为验证 $n=\dfrac{C'}{R^2}$，可先有 $n=\dfrac{C'}{R^m}$ (10)

式(10)中，n 为计数率 R 为探头与源之间的距离；C'、m 为待定常数。如果根据实验数据定出的 $m=2$，则平方反比律得以验证。为了求 m，对式(10)两端取对数，得：

$$\log n = \log C' - m\log R \tag{11}$$

令 $y = \log n$、$x = \log R$,则 y 与 x 呈线性关系：

$$y = ax + b \tag{12}$$

其中,$b = \log C'$、$a = -m$,求式(12)的直线方程的斜率 a,便知 m 。

在实验中,若于某距离 R_i 测得 n_i ;相应可有 x_i、y_i($i = 1,2,\cdots,k$) 。根据这 k 个点的测量数据,可以用简便的作图法求 a 、b ;亦可用线性最小二乘法求解 a 、b,本实验要求对各点作等精度测量,这时可用以下各式求出 a 与 b 及其标准误差 σ_a 与 σ_b ：

$$a = [k\sum_i x_i y_i - \sum_i x_i \sum_i y_i]/[k\sum_i x_i^2 - (\sum_i x_i)^2]$$

$$b = [(\sum_i y_i \sum_i x_i^2 - \sum_i x_i y_i \sum_i x_i)]/[k\sum_i x_i^2 - (\sum_i x_i)^2]$$

$$\sigma_a^2 = k\sigma_y^2/[k\sum_i x_i^2 - (\sum_i x_i)^2]$$

$$\sigma_b^2 = \sigma_y^2 \sum_i x_i^2/[k\sum_i x_i^2 - (\sum_i x_i)^2]$$

其中,σ_y^2 为 y 的方差,可由下式求出：

$$\sigma_y^2 = \frac{1}{k-2}\sum_i d_i^2 = \frac{1}{k-2}(y_i - ax_i - b)^2$$

[实验仪器]

核技术应用实验平台、示波器、^{137}Cs;装置简图如图 1 所示。

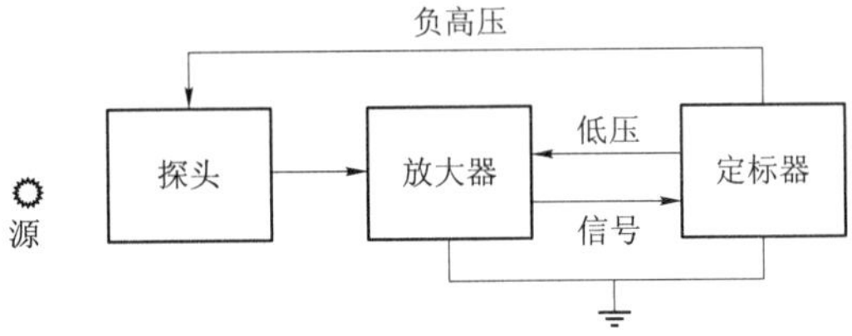

图 1 实验装置简图

[实验步骤]

(1) 连接实验仪器,预热 30 min,使仪器处于正常工作状态。

(2) 调节仪器的高压及阈值(阈值的调节是为了尽量减少本底干扰。高压的调节要求：使信号的脉冲幅度最大且不失真)。

(3) 用示波器观察脉冲信号及方波的波形,并记录它们的幅度及宽度。

(4) 选定一测量时间(通常为 10 s),测量本底计数。

(5) 选定一测量时间(通常为 10 s),调处 γ 源,测量不同距离处的计数。

(6) 计算出各测量点的 T、t_s、t_b。

(7) 以各测量点的最佳时间为计数时间,测量各点的计数。

(8) 数据处理,利用最小二乘法求出 a、b 值,验证距离平方反比律。

[思考题]

1. 本实验中测量误差主要来源于哪些?

2. 在计数测量中,若高压不稳,对实验结果会带来什么影响?

3. 若按等间距变化测量各点计数率,并假定已由实验测得某个距离 R_i 之计数率 n_i 及 n_b,试根据 $n \propto \frac{1}{R^2}$ 规律粗略估计等精度测量时各点所需之测量时间。

4. 当源的净计数率 n 远比本底计数率 n_b 大,即 $n \gg n_b$,式(11)可化简为 $\nu_{n_{\min}}^2 = \frac{1}{n_s T}$。试估计,当 $r = \frac{n_s}{n_b}$ 等于多大时?用此近似公式与式(11)计算出的总测量时间 T 方可在 1% 的误差以内相符。

实验二十　γ 射线的吸收及物质吸收系数 μ 的测量

[实验目的]

1. 掌握 γ 射线与物质相互作用,及其在物质中的吸收规律。
2. 掌握测量 γ 射线在不同物质中的吸收系数 μ 的方法。

[实验内容]

1. 比较不同材料对 γ 射线的吸收情况。
2. 测量 γ 射线在不同物质中的吸收系数 μ。

[实验原理]

(1) γ 射线与物质的相互作用

γ 射线与物质的相互作用方式主要有:光电效应、康普顿散射和电子对效应。

1) 光电效应

γ 光子与靶物质原子的束缚电子相互作用时,光子把全部能量转移给某个束缚电子,使之发射出去,而光子本身消失掉,这种过程称光电效应(见图 1)。当入射光子能量大于 K 层电子的结合能时,从 K 层发射光电子的概率最大。

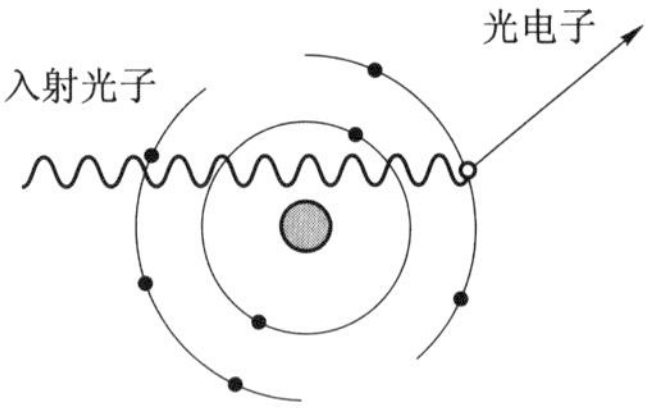

图 1　光电效应

γ 射线与物质相互作用发生光电效应的概率就是光电吸收截面,简称光电截面。当 $h\nu \ll m_e c^2$ 而 $h\nu > B_K$ 时,对于 K 层电子,每个原子的光电截面为:

$$\sigma_{ph} = 2^{5/2}\alpha^4 \left(\frac{m_e c^2}{h\nu}\right)^{7/2} Z^5 \sigma_{th} \tag{1}$$

当 $h\nu \gg m_e c^2$ 时,

$$\sigma_{ph} = 1.5\alpha^4 \frac{m_e c^2}{h\nu} Z^5 \sigma_{th} \tag{2}$$

其中,$\alpha = e^2/hc = 1/137$ 为精细结构常数;σ_{th} 为每个电子的汤姆逊散射截面,其值为

$$\sigma_{th} = \frac{8}{3}\pi(e^2/m_e c^2)^2 = \frac{8}{3}\pi r_e^2 = 6.651\times 10^{-25}, \mathrm{cm}^2 \tag{3}$$

由上可见 σ_{ph} 正比于 Z^5。

2) 康普顿散射

康普顿效应是 γ 射线(光子)与核外电子的非弹性碰撞过程。在作用过程中,入射光子的一部分能量转移给电子,使它脱离原子成为反冲电子,而光子受到散射,其运动方向和能量都发生变化,称为散射光子,如图 2 所示。康普顿散射发生在入射光子与物质原子核外的轨道电子之间。入射 γ 光子偏离他原来的运动方向。散射情况因入射 γ 光子能量不同而不同。

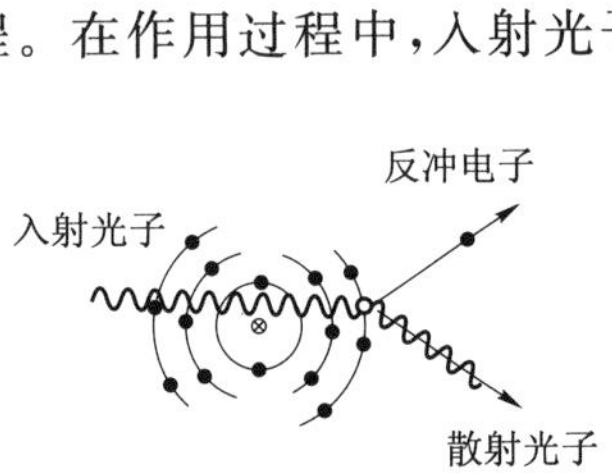

图 2　康普顿散射

γ 射线与物质相互作用发生康普顿散射的概率为康普顿

效应截面。γ 射线对整个原子的康普顿散射的总截面为：

$$\sigma_c = Z\sigma_{c,e} \propto Z\frac{\ln 2h\nu}{h\nu} \tag{4}$$

式中：
$$\sigma_{c,e} \xrightarrow{h\nu \to 0} \sigma_{th} = \frac{8}{3}\pi r_0^2 \quad (h\nu \ll m_0c^2)$$

$$\sigma_{c,e} = \pi r_0^2 \frac{m_0c^2}{h\nu}\left(\ln\frac{2h\nu}{m_0c^2} + \frac{1}{2}\right) \quad (h\nu \gg m_0c^2) \tag{5}$$

式中：
$$r_0 = \frac{e^2}{m_0c^2}$$

3）电子对效应

电子对效应是当入射 γ 射线(光子)能量较高(大于 1.022 MeV)时，当它从原子核旁经过时，在核库仑场的作用下，入射光子转化为一个正电子和一个电子的过程(见图 3)。

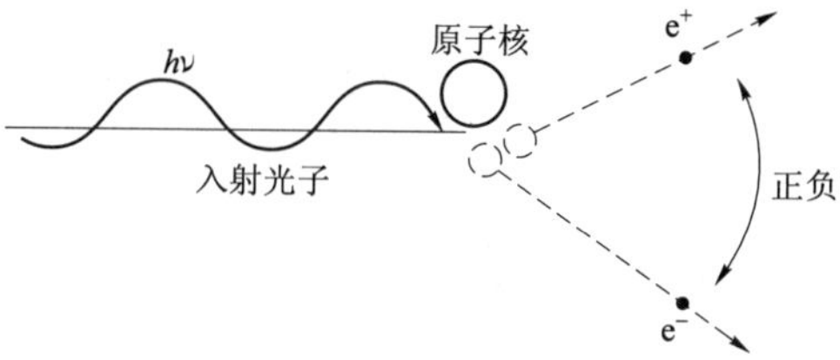

图 3　电子对效应

γ 射线与物质原子发生电子对效应的作用截面为：

当 $2m_ec^2 < h\nu < 137m_ec^2Z^{-1/3}$ 时：

$$\sigma_P = \frac{Z(Z+1)r_e^2}{137}\left[\frac{28}{9}\ln\left(\frac{2h\nu}{m_ec^2}\right) - \frac{218}{27}\right] \tag{6}$$

当 $h\nu > 137m_ec^2Z^{-1/3}$ 时：

$$\sigma_P = \frac{Z(Z+1)r_e^2}{137}\left[\frac{28}{9}\ln\left(\frac{183}{Z^{1/3}}\right) - \frac{2}{27}\right] \tag{7}$$

γ 射线与物质原子作用的总截面为：$\sigma_r = \sigma_{ph} + \sigma_c + \sigma_p$。

(2) 物质对 γ 射线的吸收规律

本实验仅研究窄束 γ 射线穿过物质的吸收规律。窄束 γ 射线是指通过准直成平行束的 γ 射线。设一束强度为 I_0 的窄束 γ 射线穿过厚度为 χ 的物体后强度为 I，在穿过厚度为 dx 的物质，强度将衰减为 dI，则：

$$-\mathrm{d}I = I\sigma_\gamma N\mathrm{d}x = I\sigma_\gamma \frac{\rho}{A}N_A\mathrm{d}x \tag{8}$$

式中：σ_γ 为 γ 射线 3 种效应的总截面 $\sigma_\gamma = \sigma_{ph} + \sigma_c + \sigma_p$，$N = \rho N_A/A$ 为物质中单位体积内的原子数；ρ 和 A 分别为物质密度和原子量；N_A 为阿伏加德罗常量。

利用初始条件 $\chi = 0$ 时 $I = I_0$，将式(8)积分得：

$$I = I_0e^{-\rho N_0\sigma_\gamma x/A} = I_0e^{-\mu x} \tag{9}$$

可见，γ 射线穿过物质时其强度呈指数规律衰减。$\mu = \rho N_0\sigma_\gamma/A$ 称为物质的衰减系数，也叫线性吸收系数。当衰减厚度单位为 cm 时，衰减系数单位为 cm^{-1}，他表示 γ 射线穿过单位厚度时发生相互作用的概率，它包括了光电效应、康普顿效应和电子对效应，因此 μ 可以表示为三部分之和。

$$\mu = \mu_{ph} + \mu_c + \mu_p = N(\sigma_{ph} + \sigma_c + \sigma_p) \tag{10}$$

其中，$\mu_{ph} \propto Z^5$ 、$\mu_c \propto Z$ 、$\mu_p \propto Z^2$（Z 为物质的原子序数）。γ 射线与物质相互作用的 3 种效应的截面都是随入射 γ 射线的能量 E_γ 和吸收物质的原子序数 Z 而改变。γ 射线的线性吸收系数 μ 是 3 种效应的线性吸收系数之和。

由式(9)可得：

$$\ln I = -\mu x + \ln I_0 \tag{11}$$

因在相同实验条件下，计数率跟 γ 射线的强度成正比，所以由式(11)可得：

$$\ln N = -\mu x + \ln N_0 \tag{12}$$

由此可见，若将吸收曲线在半对数坐标纸上作图，求出直线的斜率，即可得物质的线性吸收系数。

另外，物质对 γ 射线的吸收能力也可用“半吸收厚度”表示，所谓“半吸收厚度”就是使入射的 γ 射线强度衰减一半时的吸收物质的厚度。记作：

$$d_{1/2} = \frac{\ln 2}{\mu} = \frac{0.693}{\mu}$$

[实验仪器]

核技术应用实验平台、示波器、^{137}Cs、铜板、铝板、铅板、有机玻璃板若干；装置如图 4 所示。

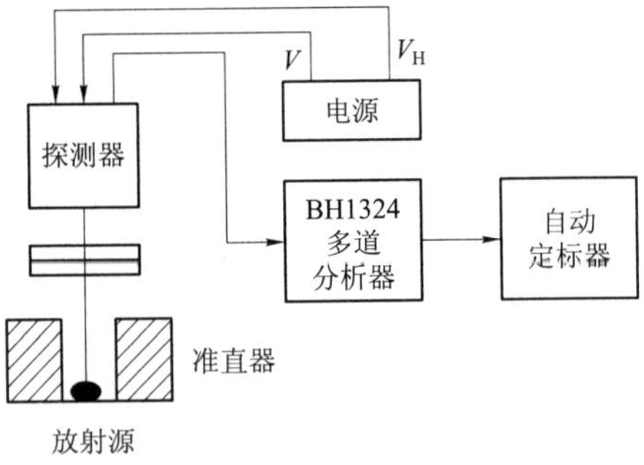

图 4 实验装置图

[实验步骤]

(1) 连接实验仪器，预热 30 min，使仪器处于正常工作状态。

(2) 调节仪器的高压及阈值(阈值的调节是为了尽量减少本底干扰。高压的调节要求：使信号的脉冲幅度最大且不失真)。

(3) 用示波器观察脉冲信号及方波的波形，并记录它们的幅度及宽度。

(4) 测量本底计数(测量时间通常为 10 s)。

(5) 在源和探头之间放置已知厚度的吸收片，测量 γ 射线穿过不同厚度吸收片的计数(测量时间通常为 10 s)。

(6) 数据处理，分别用作图法和最小二乘法计算吸收片材料的线性吸收系数。

[思考题]

1. 通过对几种不同物质的吸收系数的测量计算，谈谈如何选择辐射屏蔽材料？

2. 物质对 γ 射线的吸收系数与哪些因素有关？

3. 实验中若将窄束 γ 射线改为宽束 γ 射线，结果会怎样？

实验二十一　放射性同位素料位测量实验

［实验目的］

1. 理解放射性同位素料位测量的原理。
2. 掌握放射性同位素料位测量方法。
3. 了解放射性同位素料位测量的应用。

［实验内容］

1. 利用放射性同位素测量料位。
2. 最小二乘法拟合求料位。

［实验原理］

工业自动化仪表中的物位测量仪表种类较多，方法不同，各有适用的场合。按物位测量仪表的工作原理划分，可有直读式、浮力式、静压式、电气式、声波式、光学式、核辐射式等。对于某些高温、高压容器、强腐蚀、剧毒、有爆炸性、黏滞性、易结晶或沸腾状态的介质，以及高温融熔金属、煤粉等固体的物位测量，或特殊结构设备（如带复杂搅拌器的反应器）的物位测量，常规方法很难实现，而核辐射式物位测量仪表可以解决这类技术难题。

(1) γ 射线与物质的相互作用

γ 射线与物质的相互作用方式主要有：光电效应、康普顿散射和电子对效应。

1）光电效应

γ 光子与靶物质原子的束缚电子相互作用时，光子把全部能量转移给某个束缚电子，使之发射出去，而光子本身消失掉，这种过程称光电效应（见图 1）。当入射光子能量大于 K 层电子的结合能时，从 K 壳层发射光电子的概率最大。

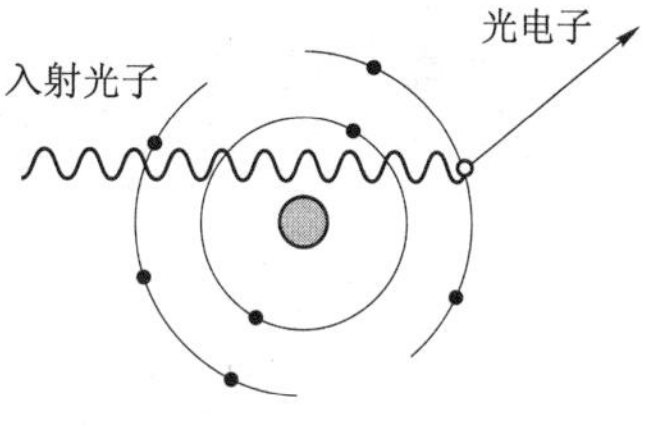

图 1　光电效应

γ 射线与物质相互作用发生光电效应的概率就是光电吸收截面，简称光电截面。当 $h\nu \ll m_e c^2$ 而 $h\nu > B_K$ 时，对于 K 层电子，每个原子的光电截面为：

$$\sigma_{ph} = 2^{5/2}\alpha^4\left(\frac{m_e c^2}{h\nu}\right)^{7/2} Z^5 \sigma_{th} \tag{1}$$

当 $h\nu \gg m_e c^2$ 时，

$$\sigma_{ph} = 1.5\alpha^4 \frac{m_e c^2}{h\nu} Z^5 \sigma_{th} \tag{2}$$

其中，$\alpha = e^2/hc = 1/137$ 为精细结构常数；σ_{th} 是每个电子的汤姆逊散射截面，其值为：

$$\sigma_{th} = \frac{8}{3}\pi(e^2/m_e c^2)^2 = \frac{8}{3}\pi r_e^2 = 6.651 \times 10^{-25}, \mathrm{cm}^2 \tag{3}$$

由上可见 σ_{ph} 正比于 Z^5。

2）康普顿散射

康普顿效应是 γ 射线（光子）与核外电子的非弹性碰撞过程。在作用过程中，入射光子

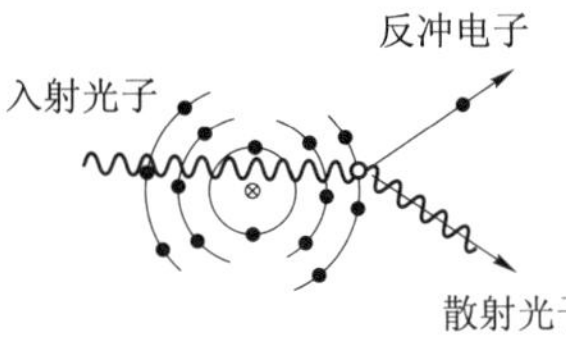

图 2　康普顿散射

的一部分能量转移给电子，使它脱离原子成为反冲电子，而光子受到散射，其运动方向和能量都发生变化，称为散射光子，如图 2 所示。康普顿散射发生在入射光子与物质原子核外的轨道电子之间。入射 γ 光子偏离他原来的运动方向。散射情况因入射 γ 光子能量不同而不同。

γ 射线与物质相互作用发生康普顿散射的概率为康普顿效应截面。γ 射线对整个原子的康普顿散射的总截面为：

$$\sigma_c = Z\sigma_{c,e} \propto Z\frac{\ln 2h\nu}{h\nu} \tag{4}$$

其中，

$$\sigma_{c,e} \xrightarrow{h\nu \to 0} \sigma_{th} = \frac{8}{3}\pi r_0^2 \quad (h\nu \ll m_0c^2)$$

$$\sigma_{c,e} = \pi r_0^2\frac{m_0c^2}{h\nu}\left(\ln\frac{2h\nu}{m_0c^2}+\frac{1}{2}\right) \quad (h\nu \gg m_0c^2) \tag{5}$$

其中，$r_0 = \frac{e^2}{m_0c^2}$。

3）电子对效应

电子对效应是当入射 γ 射线（光子）能量较高（大于 1.022 MeV）时，当它从原子核旁经过时，在核库仑场的作用下，入射光子转化为一个正电子和一个电子的过程（见图 3）。

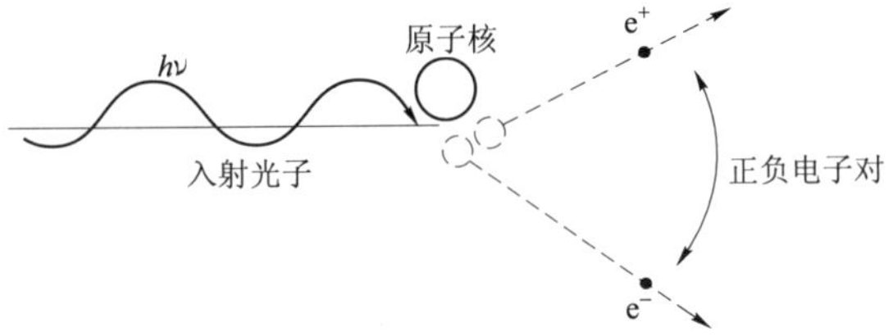

图 3　电子对效应

γ 射线与物质原子发生电子对效应的作用截面为：

当 $2m_ec^2 < h\nu < 137m_ec^2Z^{-1/3}$ 时：

$$\sigma_P = \frac{Z(Z+1)r_e^2}{137}\left[\frac{28}{9}\ln\left(\frac{2h\nu}{m_ec^2}\right)-\frac{218}{27}\right] \tag{6}$$

当 $h\nu > 137m_ec^2Z^{-1/3}$ 时：

$$\sigma_P = \frac{Z(Z+1)r_e^2}{137}\left[\frac{28}{9}\ln\left(\frac{183}{Z^{1/3}}\right)-\frac{2}{27}\right] \tag{7}$$

γ 射线与物质原子作用的总截面为：$\sigma_r = \sigma_{ph} + \sigma_c + \sigma_p$

(2) 物质对 γ 射线的吸收规律

γ 射线与物质相互作用使其强度发生变化。γ 射线穿过物质后其强度呈指数规律衰减。设一束强度为 I_0 的窄束 γ 射线穿过厚度为 χ 的物体后强度为 I，在穿过厚度为 dx 的物质，强度将衰减为 dI，则：

$$I = I_0 e^{-\rho N_0\sigma_\gamma x/A} = I_0 e^{-\mu x} \tag{8}$$

μ 可以表示为 3 部分之和：

$$\mu = \mu_{ph} + \mu_c + \mu_p = N(\sigma_{ph} + \sigma_c + \sigma_p) \tag{9}$$

其中：$\mu_{ph} \propto Z^5$ 、$\mu_c \propto Z$ 、$\mu_p \propto Z^2$（Z 为物质的原子序数）。γ 射线与物质相互作用的 3 种效应的截面都是随入射 γ 射线的能量 E_γ和吸收物质的原子序数 Z 而改变。γ 射线的线性吸收系数 μ 是 3 种效应的线性吸收系数之和。当被测物质一定（密度不变）时，物质的吸收系数 μ 就为一定值。由式(8)可得：

$$x = -\mu \ln \frac{I}{I_0} \tag{10}$$

为了得出实际的料位高度，本实验的样品盒采用三角形的（见图 4），由直角三角形的函数关系可得：$h = \dfrac{x}{\tan\theta} = \left(-\mu \ln \dfrac{I}{I_0}\right)\Big/\tan\theta$ (11)

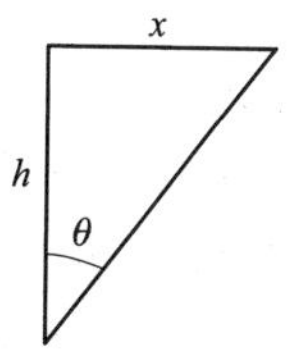

图 4 料位与厚度的关系

因在相同实验条件下，计数率跟 γ 射线的强度成正比，所以由式(11)可得：

$$h = \frac{x}{\tan\theta} = \left(-\mu \ln \frac{N}{N_0}\right)\Big/\tan\theta \tag{12}$$

令 $y=h$，$x = \ln \dfrac{N}{N_0}$，$a = -\dfrac{\mu}{\tan\theta}$，则式(12)可写成 $y = ax + b$ 的形式。因此，本实验在无法知道物质吸收系数的条件下，可先采用最小二乘法计算出物质的吸收系数，然后测量计算未知料位。

在实验中，若测量出不同高度 h_i处 γ 射线穿过样品的计数 N_i；相应可有 N_i，h_i($i = 1, 2, \cdots, k$)。根据这 k 个点的测量数据，可以用简便的作图法求 a、b；亦可用线性最小二乘法求解 a、b，本实验要求对各点作等精度测量，这时可用以下各式求出 a 与 b 及其标准误差 σ_a 与 σ_b：

$$a = \left[k\sum_i x_i y_i - \sum_i x_i \sum_i y_i\right]\Big/\left[k\sum_i x_i^2 - (\sum_i x_i)^2\right]$$

$$b = \left[(\sum_i y_i \sum_i x_i^2 - \sum_i x_i y_i \sum_i x_i\right]\Big/\left[k\sum_i x_i^2 - (\sum_i x_i)^2\right]$$

$$\sigma_a^2 = k\sigma_y^2\Big/\left[k\sum_i x_i^2 - (\sum_i x_i)^2\right]$$

$$\sigma_b^2 = \sigma_y^2 \sum_i x_i^2\Big/\left[k\sum_i x_i^2 - (\sum_i x_i)^2\right]$$

其中，σ_y^2 为 y 的方差，可由下式求出：

$$\sigma_y^2 = \frac{1}{k-2}\sum_i d_i^2 = \frac{1}{k-2}(y_i - ax_i - b)^2$$

[实验仪器]

核技术应用实验平台、示波器、^{137}Cs、样品盒、水；实验装置图如图 5 所示。

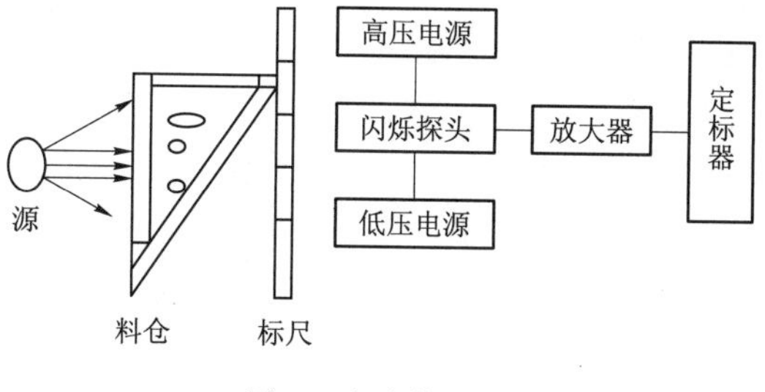

图 5 实验装置图

[实验步骤]

(1) 连接实验仪器，预热 30 min，使仪器处于正常工作状态。

(2) 调节仪器的高压及阈值(阈值的调节是为了尽量减少本底干扰。高压的调节要求：使信号的脉冲幅度最大且不失真)。

(3) 用示波器观察脉冲信号及方波的波形，并记录它们的幅度及宽度。

(4) 测量本底计数(测量时间通常为 10 s)。

(5) 在源和探头之间放置空样品盒，测量不同高度处 γ 射线穿过空样品盒的计数(测量时间通常为 10 s)。

(6) 在源和探头之间放置装满水样品盒，测量不同高度处 γ 射线穿过装满水样品盒的计数(测量时间通常为 10 s)。

(7) 数据处理，先分别用作图法和最小二乘法计算物质的吸收系数，然后计算未知料位。

[思考题]

1. 若物质是混合物(不知各成分的含量关系)，应如何测量料位？

2. 本实验若改成宽束放射源，实验结果会怎样？

实验二十二　X荧光法分析样品中钙铁的含量

[实验目的]

1. 了解X荧光产生的过程，掌握X荧光分析技术原理。
2. 能熟练操作使用TF—3902系列X荧光钙铁分析仪。
3. 掌握一些相关数据处理方法。

[实验内容]

1. TF—3902系列X荧光钙铁分析仪阈值的调节方法。
2. 使用TF—3902系列X荧光钙铁分析仪测量样品中钙铁的含量。

[实验原理]

X射线荧光就是被分析样品在辐射粒子照射下发出的X射线，它包含了被分析样品化学组成的信息，通过对上述X射线荧光的分析确定被测样品中各组分含量的仪器就是X射线荧光分析仪。

样品中的荧光元素在^{238}Pu源发出的光子束轰击下，荧光元素原子的K层电子被击出，原子处于激发状态。随后，外层电子立即填充K层电子空穴，同时按照莫塞莱定律，发射各荧光元素的特征X射线。这些X荧光和激发光束的散射X射线，穿过正比记数管铍窗，进入正比管灵敏区，产生气体电离和电子倍增，电子由正比计数管阳极收集，并在前置放大器的输入端产生一个$V=Q/C$的电脉冲，Q为阳极上收集到的电荷总量，C为前置放大器总输入电容。许多射线的X荧光讯号经前置放大器进一步放大，整形后，区分出各种特征X射线产生的电脉冲，这些电脉冲的幅度与特征X射线能量成正比。因此，根据电脉冲的幅度，就可以进行元素定性分析。

TF—3902系列X荧光钙铁分析仪，选用^{238}Pu同位素源作X光源。^{238}Pu同位素的ULα. UIβ和UIγX射线激发，在一个多元素的样品中，某一元素的荧光X射线强度与其含量之间存在着关系：

$$N = AW/\sum \mu_i w_i \tag{1}$$

式中：N为以单位时间内记数率表示的某元素的荧光X射线经度；W为某元素的百分含量；A为常数；W_i为样品中除W以外的其他任意一种i元素的百分含量；μ_i为样品中响应的i元素的质量吸收系数。

从式(1)也可以看出，样品中某一元素的含量值和其对应的某特征X荧光射线的强度成正比关系。假定待测样品的基件组成是稳定的，这种比例关系可以简单的一元线性方程式描述：

$$W=kR+b \tag{2}$$

式中：k和b为待定常数。

为了消除仪器和环境不稳定因素，本实验采用了元素荧光强度比率的测量方法，取$R=N_{样品}/N_{硬标}$，于是式(2)变为：

$$W=kN_{样品}/N_{硬标}+b \tag{3}$$

由式(3)可知，要测量样品中某一元素的百分含量值 W，必须事先确定系数 k 和 b。因此必须先利用标准样品(已知钙铁含量的水泥)对仪器进行刻度。刻度方法为：先测量仪器自带的硬标样的荧光 X 射线记数率 $N_{硬标}$ 和 10～20 个标准样品的荧光 X 射线记数率 $N_{样品}$，再计算测量元素荧光强度比率 $N_{样品}/N_{硬件}$ 值，然后用最小二乘法拟合求出 k、b 值。仪器标定好后，就可以用该仪器测量任何样品中钙铁的含量。

在实验中，若已知标准样品中元素的含量 W_i 和测量出元素荧光强度比率 R_i($R_i = N_{i样品}/N_{硬标}$)，其中 $i=1,2,3,\cdots,m$，即可采用作图法或最小二乘法求出 k、b 值。最小二乘法求解 k、b 及标准误差的方法如下：

$$k = \left[m\sum_i W_i R_i - \sum_i R_i \sum_i W_i\right] \Big/ \left[m\sum_i R_i^2 - (\sum_i R_i)^2\right]$$

$$b = \left[(\sum_i W_i \sum_i R_i^2 - \sum_i R_i W_i \sum_i R_i\right] \Big/ \left[m\sum_i R_i^2 - (\sum_i R_i)^2\right]$$

$$\sigma_{\mathrm{R}}^2 = m\sigma_{\mathrm{W}}^2 \Big/ \left[m\sum_i R_i^2 - (\sum_i R_i)^2\right]$$

$$\sigma_{\mathrm{b}}^2 = \sigma_{\mathrm{W}}^2 \sum_i R_i^2 \Big/ \left[m\sum_i R_i^2 - (\sum_i R_i^2)\right]$$

[实验仪器]

TF—3902X 荧光钙铁分析仪、水泥样品、高压电源、放大器、示波器。实验装置如图 1 所示。

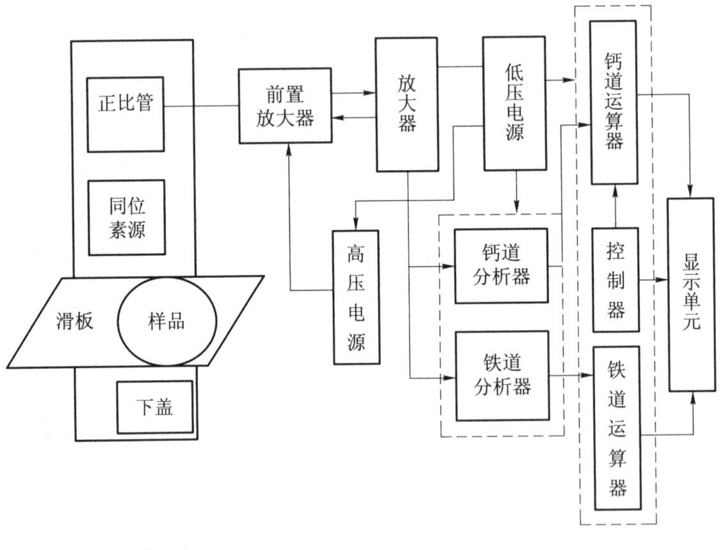

图 1　X 荧光钙铁分析仪示意图

[实验步骤]

(1) 根据实验装置图(见图 1)连接线路。

(2) 开启低压电源 5 min 后，开启高压电源，预热 15 min，使仪器处于正常工作状态。

(3) 调节仪器的高压、放大倍数与阈值。高压调节到 1.5 kV 左右。阈值调节方法：用示波器观察信号的波形，Fe_2O_3 的下阈值为 FeKx 荧光信号的脉冲幅度值的一半，上阈值为其脉冲幅度值；CaO 的下阈值为 Fe_2O_3 的上阈值，上阈值为 CaKx 荧光信号的脉冲幅度值。

（4）仪器的刻度：1）测量硬标样中 Fe_2O_3 和 CaO 的计数；2）测量标准样品中 Fe_2O_3 和 CaO 的计数；3）计算元素荧光强度比率 $N_{样品}/N_{硬标}$，利用最小二乘法求出 k、b 值；4）将计算出的 k、b 值置入 TF—3902 系列 X 荧光钙铁分析仪的面板上。

具体方法：将求出的 CaO 工作曲线 k、b 值，分别由运算计数器 CaO 挡“乘系数预置(k)”和“加系数预置(b)”数字拨盘拨入，如 $k=30.25$、$b=13.46$，则将“乘系数预置(k)”拨为 3025，加系数预置(b)拨为 1346。若遇负截满溢出补码方法，例如 $b=-0.51$，则“加系数预置(b)”拨为 9949，因 100.00 减 0.51 等于 99.49。Fe_2O_3 的 k、b 值置入方法同 CaO 的。

（5）测量未知样品中钙铁的含量。可采用两种方法测量，一种为间接测量法（计数法）：将运算计数器面板上拨动开关拨置到“测量”的位置，分别测量出硬标样及样品中 Fe_2O_3 和 CaO 的计数，应用式(3)可求出 Fe_2O_3 和 CaO 的含量；一种为直接测量法：将运算计数器面板上拨动开关拨置到“含量”的位置，将硬标样推入分析位置，按“启动”按钮，“测标样”指示红灯亮，分析开始，数码屏显示皆为“0”，经预置的分析时间后，发出声响信号，“测标样”指示红灯熄灭，将待测样品推入分析位置，经预置的分析时间后，发出声响信号，记录测量的数据。

[思考题]

1. 什么是 X 射线荧光分析技术？

2. 样品表面的光滑度对实验结果有影响吗？为什么？

实验二十三　放射性同位素密度测量实验

[实验目的]

1. 掌握测量物质的密度方法
2. 了解核辐射密度计在实际应用中的价值。
3. 理解密度测量的基本原理。

[实验内容]

1. 利用示波器观察核技术应用实验平台输出脉冲信号及方波信号。
2. 利用放射性同位素测量物质的密度。

[实验原理]

由于γ射线有很强的穿透性,γ射线密度测量及γ射线探伤在冶金、石油、电站、轻纺、矿山、铁路和其他工业部门已获得了广泛应用。γ射线密度计可测密封管道内的流动泥浆、矿浆以及石碴的密度,还可对混凝土构件、土基、坝基做密度测量,它的最大优点是可不接触、不破坏、连续自动地密度测量。其方法可靠,可实现工业自攻城略地化,节省人力,提高效率。因此,国内近几年发展研制使用的γ射线密度计,对测量物质的密度有着至关重要的作用。

(1) γ射线与物质的相互作用

γ射线与物质的相互作用方式主要有:光电效应、康普顿散射、电子对效应。

1) 光电效应

γ光子与靶物质原子的束缚电子相互作用时,光子把全部能量转移给某个束缚电子,使之发射出去,而光子本身消失掉,这种过程称光电效应(见图1)。当入射光子能量大于K层电子的结合能时,从K壳层发射光电子的概率最大。

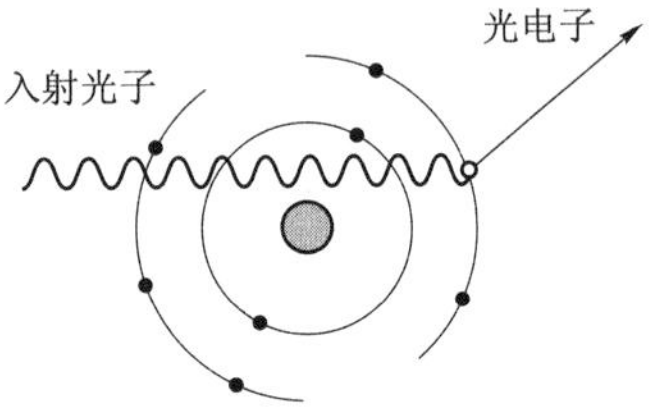

图1　光电效应

γ射线与物质相互作用发生光电效应的概率就是光电吸收截面,简称光电截面。当 $h\nu \ll m_e c^2$ 而 $h\nu > B_K$ 时,对于K层电子,每个原子的光电截面为:

$$\sigma_{ph} = 2^{5/2}\alpha^4\left(\frac{m_e c^2}{h\nu}\right)^{7/2}Z^5\sigma_{th} \tag{1}$$

当 $h\nu \gg m_e c^2$ 时:

$$\sigma_{ph} = 1.5\alpha^4\,\frac{m_e c^2}{h\nu}Z^5\sigma_{th} \tag{2}$$

式中,$\alpha = e^2/hc = 1/137$ 为精细结构常数,σ_{th} 为每个电子的汤姆逊散射截面,其值为:

$$\sigma_{th} = \frac{8}{3}\pi(e^2/m_e c^2)^2 = \frac{8}{3}\pi r_e^2 = 6.651\times 10^{-25},\mathrm{cm}^2 \tag{3}$$

由上可见 σ_{ph} 正比于 Z^5。

2) 康普顿散射

康普顿效应是γ射线(光子)与核外电子的非弹性碰撞过程。在作用过程中,入射光子的一部分能量转移给电子，使它脱离原子成为反冲电子，而光子受到散射，其运动方向和能量都发生变化，称为散射光子，如图 2 所示。康普顿散射发生在入射光子与物质原子核外的轨道电子之间。入射 γ 光子偏离他原来的运动方向。散射情况因入射 γ 光子能量不同而不同。

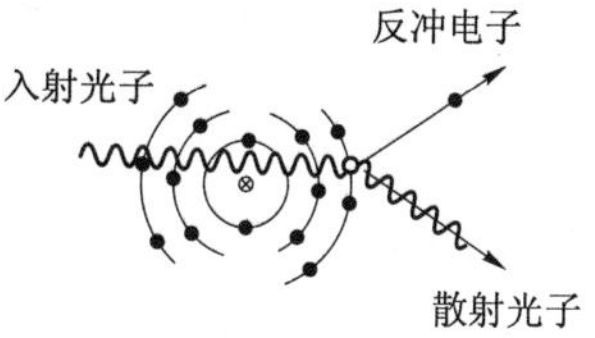

图 2　康普顿散射

γ 射线与物质相互作用发生康普顿散射的概率为康普顿效应截面。γ 射线对整个原子的康普顿散射的总截面为：

$$\sigma_c = Z\sigma_{c,e} \propto Z\frac{\ln 2h\nu}{h\nu} \tag{4}$$

其中，
$$\sigma_{c,e} \xrightarrow{h\nu \to 0} \sigma_{th} = \frac{8}{3}\pi r_0^2 \quad (h\nu \ll m_0c^2)$$

$$\sigma_{c,e} = \pi r_0^2\frac{m_0c^2}{h\nu}\left(\ln\frac{2h\nu}{m_0c^2}+\frac{1}{2}\right) \quad (h\nu \gg m_0c^2) \tag{5}$$

其中，
$$r_0 = \frac{e^2}{m_0c^2}$$

3）电子对效应

电子对效应是当入射 γ 射线（光子）能量较高（大于 1.022 MeV）时，当它从原子核旁经过时，在核库仑场的作用下，入射光子转化为一个正电子和一个电子的过程（见图 3）。

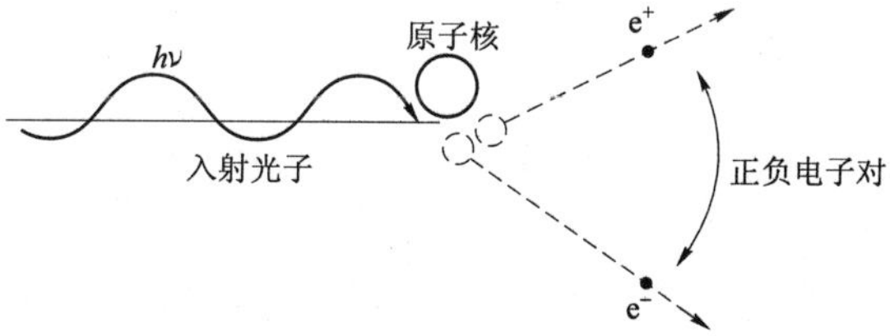

图 3　电子对效应

γ 射线与物质原子发生电子对效应的作用截面为：

当 $2m_ec^2 < h\nu < 137m_ec^2Z^{-1/3}$ 时：

$$\sigma_P = \frac{Z(Z+1)r_e^2}{137}\left[\frac{28}{9}\ln\left(\frac{2h\nu}{m_ec^2}\right)-\frac{218}{27}\right] \tag{6}$$

当 $h\nu > 137m_ec^2Z^{-1/3}$ 时：

$$\sigma_P = \frac{Z(Z+1)r_e^2}{137}\left[\frac{28}{9}\ln\left(\frac{183}{Z^{1/3}}\right)-\frac{2}{27}\right] \tag{7}$$

γ 射线与物质原子作用的总截面为：$\sigma_r = \sigma_{ph} + \sigma_c + \sigma_p$ 。

（2）物质对 γ 射线的吸收规律

γ 射线与物质相互作用使其强度发生变化。γ 射线穿过物质后其强度呈指数规律衰减。设一束强度为 I_0 的窄束 γ 射线穿过厚度为 x 的物体后强度为 I，在穿过厚度为 dx 的物质，强度将衰减为 dI，则：

$$I = I_0e^{-\rho N_0\sigma_\gamma x/A} = I_0e^{-\mu x} \tag{8}$$

由于
$$\mu = \mu_m\rho \tag{9}$$

因此，由式(8)可得：
$$I = I_0e^{-\mu_m\rho x} \tag{10}$$

式(10)两边取对数,整理可得:

$$\rho = -\frac{\ln I/I_0}{\mu_m x} \tag{11}$$

[实验仪器]

核技术应用实验平台、样品盒、样品、^{137}Cs。实验图如图 4 所示。

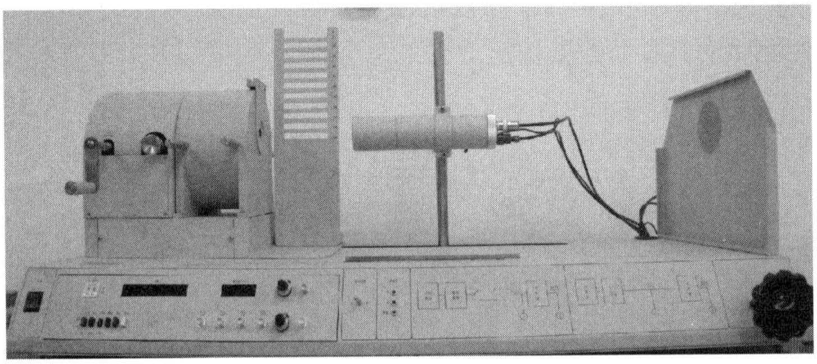

图 4　核技术应用实验平台

[实验步骤]

(1) 连接实验仪器,预热 30 min,使仪器处于正常工作状态。

(2) 调节仪器的高压及阈值(阈值的调节是为了尽量减少本底干扰。高压的调节要求:使信号的脉冲幅度最大且不失真)。

(3) 用示波器观察脉冲信号及方波的波形,并记录它们的幅度及宽度。

(4) 测量本底计数(测量时间通常为 10 s)。

(5) 在源和探头之间放置空样品盒,测量 γ 射线穿过空样品盒的计数(测量时间通常为 10 s)。

(6) 在源和探头之间放置装有样品(沙子、土壤等)的样品盒,测量 γ 射线穿过装有样品的样品盒的计数(测量时间通常为 10 s)。

(7) 数据处理,利用式(11)计算出样品的密度。

注:μ_m可查相关数据表得到或利用"实验四 γ 射线的吸收及物质吸收系数 μ 的测量"中的方法测量计算。

[思考题]

1. 放射性同位素密度测量的主要误差来源有哪些?

2. 样品的颗粒度大小对实验测量会带来什么影响?

实验二十四　放射性同位素厚度计

［实验目的］

1. 了解测厚仪的基本原理。

2. 掌握测量厚度的方法。

［实验内容］

利用放射性同位素厚度计测量物质的厚度。

［实验原理］

射线穿过物质时其辐射强度逐渐减弱，β 射线穿过物质时，其辐射强度与穿过的物质厚度具有如下关系：

$$I = I_0 e^{-\mu d} \tag{1}$$

式中：I 为穿过被测物后的辐射强度；I_0 为穿过前的辐射强度；μ 为被测物对射线的线性吸收系数；d 为被测物的厚度。

从式(1)中可以看出，透过物质后的强度 I 与被测的厚度 d 有一一对应的关系。仪表经适当标后，可以从射线强度 I 的测量来确定阻挡物体的厚度 d。上述结果也可通过仪表线路进行对数运算，从而可得到指示值与厚度 d 的线性关系式：

$$d = \frac{1}{\mu}\ln\frac{I_0}{I} \tag{2}$$

仪表的原理如图 1 所示，当放射源放出放射线通过被测物质后，射入电离室，电离室输出电流 I 与射入的 β 射线强度成正，电流 I 流过前放、成形和积分电路输出结果。

放射性同位素厚度计在工农业上应用很广泛，如它能不接触地自动检测正在轧制过程中的冷钢板或热钢板的厚度，也可用来测量纸张，塑料等的厚度，所用的放射源是长寿命的，具有很大的稳定性和使用寿命，不需要经常更换，当外部条件变化时，放射源具有不改变本身的特性等优点。

［实验仪器］

测厚仪 1 台、放射源 ^{90}Sr-^{90}Y（5 m Ci）、准直器及防护装置一套、探测器（电离室）及探头支架一个、标准样品及其他样品。实验装置图如图 1 所示。

［实验步骤］

（1）将仪器按要求接好线路，通电预热 5 min。

（2）测量物质的吸收曲线

1）将射线源、探测器分别固定在实验架的相应位置上。

2）将不同厚度的标准样品分别插入源和探测器中间，测出 d—I 标准曲线。并在坐标纸上作图。（分别测量不同的厚度，如 200 g/m^2 以下、400 g/m^2 以下、600 g/m^2 以下）

（3）测量的曲线与理论曲线绘在同一坐标纸上进行比较，求出相对误差。

（4）分析讨论测量误差产生的原因。

注意：实验平台有准直器 ϕ10 mm，里面的源活度 A=20 μ Ci。

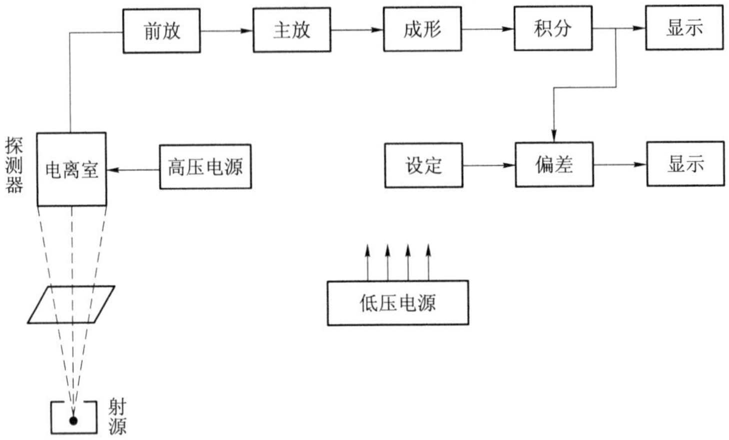

图1　实验仪器原理框图

[思考题]

1. 测量纸张厚度与金属厚度常用的放射源分别是什么？核素主要有哪些？

2. 若实验中射线没有准直，对实验结果会有什么影响？

参考文献

[1] 吴学超,冯正永．核物理实验数据处理[M]. 北京:原子能出版社,1988.

[2] 吴思诚,王祖铨,主编．近代物理实验(第二版)[M]. 北京:北京大学出版社,1999.

[3] 林木欣,主编．近代物理实验教程[M]. 北京:科学出版社,1999.

[4] 复旦大学,清华大学,北京大学,合编．原子核物理实验方法[M]. 北京:原子能出版社,1997.

[5] 林少宫,主编．基础概率与数理统计[M]. 北京:人民教育出版社,1978.

[6] 凌球,郭兰英,主编．核辐射探测[M]. 北京:原子能出版社,2002.

[7] 王正行,主编．近代物理学[M]. 北京:北京大学出版社,1995.

[8] 戴乐山,戴道宣,主编．近代物理实验[M]. 上海:复旦大学出版社,2002.

[9] 吴思诚,王祖铨,主编．近代物理实验(第三版)[M]. 北京:高等教育出版社,2005.

[10] 高学颜,主编．近代物理实验[M]. 山东:山东大学出版社,1989.

[11] 吴咏华等,主编．近代物理实验[M]. 合肥:安徽教育出版社,1987.

[12] 贾小兵,葛智勇,王增旭,编．近代物理实验讲义[D]. 南京邮电大学物理实验教学中心.

[13] 褚圣麟,主编．原子物理学[M]. 北京:高等教育出版社, 1979.

[14] 杨福家,主编．原子物理学(第三版)[M]. 北京:高等教育出版社, 1999.

[15] 苏汝铿,主编．量子力学[M]. 上海:复旦大学出版社,1997.

[16] 姚启均,主编．光学教程[M]. 北京:高等教育出版社,2008.

[17] 潘笃武,贾玉润,陈善华．光学[M]. 上海:复旦大学出版社,1997.

[18] 周静,王选章,谢文广．磁光效应及其应用[J]. 现代物理知识,2005,17(5):47:49.

[19] Jing Shao,Wen Liu,CuiQing Liu,and DuanXu. A Passive Optical Fiber Current Sensor Based on YIG [J]. JOURNAL OF ELECTRONIC SCIENCEAND TECHNOLOGY OF CHINA. 2008,6(4): 478-481.

[20] 黄海,胜利．磁光玻璃磁致旋光效应的研究[J]. 应用光学,2004,7:14-17.

[21] 艾延宝,金永君．法拉第磁致旋光效应及应用[J]. 物理与工程, 2002, 12(5):50-60.

[22] 周世勋．量子力学教程[M]. 北京:高等教育出版社,1979.

[23] 上海复旦天欣科教仪器有限公司．FD-FZ-Ⅰ型法拉第-塞曼效应综合实验仪产品说明书[R].

[24] Pedroso C B,MuninE,Villaverdeet A B, etal. Magneto-optical rotation of heavy metal oxide glasses [J]. Non-Cryst Solids, 1998, 231: 134-135.

[25] Ning Y N, Chu B C B, Jackson D A. Miniature Faraday current sensor based on multiple critical angle reflections in a bulk-optic ring[J]. OptLett, 1991, 16: 1996-1998.

[26] 江影,叶有祥．在法拉第效应实验中不同光强点定位检测旋转角灵敏度的研究[J]. 大学物理,2009, 28(2):38-43.

[27] 郑亚茹,王玉新,杜木．Origin 软件在法拉第效应实验中的应用[J]. 实验科学与技术,2009,12: 10-12.

[28] 赵书阳,程强,俞洁晟,等．CCD 技术在塞曼效应实验中应用的改进[J]. 物理实验,2007-6:8-10.

[29] 王健,邹红林,韩姝．采用塞曼效应仪测定电子荷质比方法研究[J]. 计量与测试技术,2005,32(3): 8-10.

[30] 何华混,丘若子．塞曼效应原子吸收光谱法[J]. 光谱学与光谱分析,1994,23(4):238-244.

[31] Eiichi Fukushima. 实验脉冲核磁共振[M]. 上海: 复旦大学出版社, 1995.

[32] 黄永仁,主编．核磁共振原理[M]. 上海:华东师范大学出版社,1992.

[33] 毛希安．现代核磁共振实用技术及应用[M]. 北京:科学技术文献出版社,2000.
[34] 罗湘南,唐建锋,张登玉．脉冲核磁共振实验自由衰减信号分析[J]. 物理实验,2007,19(4):3-6.
[35] 李潮锐．自旋回波的简易观测方法及共振弛豫分析[J]. 物理实验,2006,4(3):3-4.
[36] Gore JC, Kang YS, Schulz RJ. Measurement of radiation dose distributions by nuclear magnetic resonance (NMR) imaging [J]. Phys Med Biol. 1984,29 (10) : 1187-1197.
[37] 卢希庭．原子核物理[M]. 北京:原子能出版社,2000.
[38] 张天喆,董有尔．近代物理实验[M]. 北京:科学出版社,2004.
[39] 徐玉书,许静,姜殿武,等．自旋回波法测量弛豫时间[J]. 物理实验,1984. 6(4):3.
[40] 臧充之,张洁天,彭培芝．核磁共振弛豫时间测量数据处理方法的讨论[J]. 物理实验, 2005,25 (5): 10-15.
[41] 陈世毅．核磁共振弛豫时间的测量[J]. 杭州师范学院院报,1996.
[42] 上海复旦天欣科教仪器有限公司．FD-PNMR-II 脉冲核磁仪-合订本说明书[R].
[43] 黄永仁．核磁共振理论原理[M]. 上海:华东师范大学出版社,1989.
[44] 毛希安．核磁共振理论基础[M]. 北京:科学出版社,1996.
[45] 孙锡良．脉冲核磁共振测定化学位移的实验[J]. 大学物理实验, 2007,20(3):32-36.
[46] 北京大华无线电仪器厂．DH809A 型微波顺磁共振实验系统说明书[R].
[47] 陈贤容,主编．电子自旋共振实验技术[M]. 北京:科学出版社,1986.
[48] 邓京川,王魁香,等．小型微波频率电子顺磁共振谱仪[J]. 物理实验, 1989, 9(4):145-147.
[49] Deng Jingchuan, Wang kuixiang and Xu Weiqing. A Simplified Apparatus for EPR Imaging, Meas. Sci. Technol. 1996,7:904-907.
[50] 满卫东．微波等离子体 CVD 制备高质量金刚石膜及应用的研究[D]. 中国科学院等离子体物理研究所博士学位论文,2006.
[51] 胡海天, 邬钦崇．微波等离子体化学气相沉积金刚石膜[J]. 物理,1996, 25(11): 688-691.
[52] 张贵锋,付庆辉,刘正堂,等．一种提高金刚石薄膜形核密度的新方法[J]. 能源材料,1993, 24 (2): 134-137.
[53] 富阳精密仪器厂．多功能微波等离子体装置使用说明书[R].
[54] 北京大华无线电仪器厂．DH807A 型光磁共振实验装置技术说明书[R].
[55] 张勇, 李艳,等．利用光磁共振实验测量地磁场强度[J]. 西南师范大学学报(自然科学版),2011,36 (4):55-58.
[56] 彭跃华, 金泽渊, 王亚妮．光磁共振中朗德 g 因子的测量方法[J]. 长沙电力学院学报(自然科学版),2006,21(2):84-89.
[57] 熊正烨,吴奕初,郑裕芳．光磁共振实验中测量 gF 值方法的改进[J]. 物理实验,1999,20(1):4-5.
[58] 李潮锐, 刘小伟．光磁共振研究 Rb 同位素光抽运响应[J]. 中山大学学报(自然科学版),2008,47 (1):29-32.
[59] 刘海霞, 夫军, 徐铭．光磁共振实验中扫场的作用和影响[J]. 2005,24(12):40-43.
[60] 邵先亦．光泵磁共振法测量同位素铷的半度比[J]. 台州学院学报, 2003, 25 (3) : 56-57.
[61] 何元金, 马兴坤．近代物理实验[M]. 北京: 清华大学出版社,2003.
[62] 周孝安．近代物理实验教程[M]. 武汉:武汉大学出版社, 1998.
[63] 白春礼,编．扫描隧道显微镜技术及其应用[M]. 上海:上海科技出版社,1991.
[64] 李维娜．AFM 关于压电陶瓷非线性效应的图像校正[J]. 大学物理实验,2007,9(3):21-24.
[65] 张冬仙,章海军．原子力显微镜的压电陶瓷非线性及图像畸变的校正[J]. 光学学报, 2002,31(10): 45-47.

[66] 本原纳米仪器．CSOPM5500 扫描探针显微镜用户手册[R].
[67] 孙洁林．扫描探针显微镜的研制及其应用[D]. 中科院上海原子核研究所博士学位论文,1997.
[68] 王丹丹，韩立，杨忠山. 压电陶瓷管非线性校正压[J]. 电与声光,2005,27(6):714-716.
[69] 张涛，孙立宁，蔡鹤皋．压电陶瓷基本特性研究[J]. 光学精密工程，1998，6(5)：26-32.
[70] 王丹丹，韩立，杨忠山．压电陶瓷管非线性矫正[J]. 压电与声光，2005，27(6)：714- 716.
[71] 阎守胜,陆果．低温物理实验的原理和方法[M]. 北京:科学出版社．1985.
[72] 南京大学应用物理研究所．NDWH-288B 型高 Tc 超导体电阻-温度特性测量仪说明书[R].
[73] 张孔时，丁慎训．物理实验教程(近代物理实验部分)[M]. 北京:清华大学出版社,1991.
[74] 林良真，张金龙，李传义，等．超导电性及其应用[M]. 北京:北京工业大学出版社,1988.
[75] Z. Han, P. Skov-Hansen, T. Fretoft, Supercond. Sci. Technol, 1997.
[76] 刘梦林,方家光,顾晨．高温超导线材临界温度测量[J]. 物理与工程,2005,14(1):14-17.
[77] 中国科学院原子核科学委员会编辑委员会编．原子核辐射探测资料汇编[M]. 北京:科学出版社，1960.
[78] William. J. Price. Nuclear Radiation Detection McGraw-Hill,Inc. , 1958.
[79] 李静,等．BH1307 型康普顿散射谱仪[J]. 核电子学与核探测技术,2005.
[80] 北京核仪器厂．BH1307 型康普顿散射谱仪使用说明书[R].
[81] 北京大学,复旦大学,主编．核物理实验[M],1984.
[82] 中国科学院原子能研究所编．放射性同位素应用知识[M]. 北京:科学出版社,1959.
[83] BH-1216 型低本底总 α、β 放射活度测量仪使用说明书[R].
[84] 北京核仪器厂．BH1936 低本底多道 γ 能谱仪使用说明书[R].
[85] GB 6566—2001 建筑材料放射性核素限量[J].
[86] 原子能所,编．同位素应用实验方法讲义[M]. 北京:科学出版社,1960.
[87] 吴治华,等．原子核物理试验方法[M]. 北京:原子能出版社,1997.
[88] 王庆庆．γ 射线在物质中的吸收[C]. 大学物理实验网络教程学生研究报告集.
[89] 唐孝威．粒子物理实验方法[M]. 北京:高等教育出版社,1982.
[90] 王祝翔．核辐射探测器及其应用[M]. 北京:科学出版社,1964.
[91] 吴学超,冯正勇．核物理实验处理[M]. 北京:原子能出版社,1988.
[92] TF-3902 系列 X 荧光钙铁分析仪说明书[R].
[93] 喻东．XRF 分析技术在铁矿石品质检测中的应用研究[D]. 成都理工,2010. 6.
[94] 北京核仪器厂．BH1220 定标器说明书[R].
[95] 北京核仪器厂．FH463B 智能定标器说明书[R].
[96] 北京核仪器厂．FJ365 型计数管探头说明书[R].
[97] 马维超,等．吸收法测定 β 射线最大能量几个问题探讨[J]. 物理实验,1988,6.
[98] 赖发春．G-M 计数管实验的研究[J]. 福建师范大学学报(自然科学版),1998,02.
[99] 庞巨丰．γ 能谱数据分析[M]. 西安:陕西科学技术出版社,1990.
[100] Kai. Siegbahn Beta and Gamma-Tay Spectroscopy. Interscience Publishers Inc, New Yord, 1955.
[101] W . J. Price,Nuclear Radiation Detection,Chappter 5,2nd Ed. McGraw-Hill Inc. New York,1964.
[102] W. J. Price, Nrclear Radiation Detection, Chapter 3, 2ed. , Mc-Graw Hill Inc. New York,1964.
[103] Ernst Bleuler,Experimental Nucleonics. Sir Isaac Pitman & Sons. Ltd,1952.